Budun Yanliqing Gaixing Jili ji Luyong Xingneng
布敦岩沥青改性机理及路用性能

鲁巍巍　吕松涛　编著

人民交通出版社股份有限公司

北　京

内 容 提 要

本书系统分析了布敦岩沥青及其灰分和纯沥青的性能，提出布敦岩沥青的适宜掺量范围，并揭示其改性机理；基于布敦岩沥青中灰分和纯沥青的特性，定量分析了两者在改性过程中的作用；对布敦岩沥青灰分胶浆进行感温特性与紫外光老化特性研究，分析了粒径对布敦岩沥青灰分胶浆性能和石灰岩矿粉胶浆性能的影响；基于布敦岩沥青特性和改性机理的分析，提出"改进折减法"的配合比设计方法；对普通沥青混合料、布敦岩沥青改性沥青混合料和 SBS 改性沥青混合料的高温稳定性、水稳定性、低温抗裂性和疲劳性能进行系统的对比分析，揭示布敦岩沥青改性沥青混合料具有优异的抗高温、抗水损坏和耐久等路用性能。

本书适用于道路工程专业高年级本科生和研究生的专业学习，也同样适用于工程一线技术人员参考。

图书在版编目(CIP)数据

布敦岩沥青改性机理及路用性能/鲁巍巍,吕松涛编著.—北京:人民交通出版社股份有限公司,2021.9
ISBN 978-7-114-17503-9

Ⅰ.①布… Ⅱ.①鲁…②吕… Ⅲ.①改性沥青—研究 Ⅳ.①TE626.8

中国版本图书馆 CIP 数据核字(2021)第 143549 号

书　　名:	布敦岩沥青改性机理及路用性能
著 作 者:	鲁巍巍　吕松涛
责任编辑:	刘　倩
责任校对:	孙国靖　扈　婕
责任印制:	张　凯
出版发行:	人民交通出版社股份有限公司
地　　址:	(100011)北京市朝阳区安定门外外馆斜街 3 号
网　　址:	http://www.ccpcl.com.cn
销售电话:	(010)59757973
总 经 销:	人民交通出版社股份有限公司发行部
经　　销:	各地新华书店
印　　刷:	北京虎彩文化传播有限公司
开　　本:	787×1092　1/16
印　　张:	13.25
字　　数:	240 千
版　　次:	2021 年 9 月　第 1 版
印　　次:	2021 年 9 月　第 1 次印刷
书　　号:	ISBN 978-7-114-17503-9
定　　价:	80.00 元

(有印刷、装订质量问题的图书由本公司负责调换)

前言

随着国民经济的快速发展,我国交通事业迅猛发展,公路通车里程增长迅速。截至 2020 年年底,全国已通车高速公路里程达到 16.1 万 km。随着高等级公路的大发展,以苯乙烯-丁二烯-苯乙烯(Styrene-Butadiene-Styrene,SBS)改性沥青为代表的聚合物改性沥青得到了广泛的应用,但聚合物改性沥青存在聚合物和基质沥青相容性较差等问题。为解决上述问题,采用布敦岩沥青等天然沥青改性沥青逐步进入人们的视野。

布敦岩沥青可以使沥青路面性能得到大幅提高,且生产工艺简单、经济性较好。相较欧美国家,我国对布敦岩沥青研究起步较晚,近些年来的研究主要集中在布敦岩沥青改性沥青的性能和布敦岩沥青改性沥青混合料的路用性能方面,对改性机理的研究不够系统和深入,且已有机理的研究结论差异性较大。基于此,笔者根据多年来的研究,并吸收其他优秀的成果,对布敦岩沥青的改性机理等关键问题进行归纳和总结,力求对我国高速公路的建设和发展有所贡献。

全书主要由长沙理工大学鲁巍巍博士和吕松涛教授编著,樊国鹏、贺芳伟、李崛、张乃天也参与了本书的编写工作。本书的主体为作者的博士论文,感谢博士生导师郑健龙院士的指导以及对本书给予的大力支持和宝贵建议。书中引用了参考文献中的不少观点和事例,在此向各位专家学者表示感谢,他们的优秀成果为本书的编著奠定了坚实的基础。最后感谢人民交通出版社股份有限公司的编辑为本书的出版付出的辛勤劳动。

本书内容在研究过程中得到了国家自然科学基金项目(52078063)的大力支持,在此表示由衷的感谢。

作 者
2021 年 2 月 17 日

目录

第1章 绪论 ······ 1

  1.1 岩沥青改性的必要性 ······ 1

  1.2 国内外岩沥青改性技术发展概况 ······ 2

第2章 布敦岩沥青和布敦岩沥青改性沥青特性 ······ 11

  2.1 布敦岩沥青特性 ······ 11

  2.2 布敦岩沥青改性沥青特性 ······ 20

  2.3 本章小结 ······ 50

第3章 布敦岩沥青各成分对沥青的改性作用及布敦岩沥青改性机理 ······ 53

  3.1 沥青胶浆作用概述 ······ 53

  3.2 布敦岩沥青中灰分和纯沥青改性作用分析 ······ 54

  3.3 布敦岩沥青改性机理研究 ······ 61

  3.4 本章小结 ······ 70

第4章 布敦岩沥青灰分沥青胶浆性能 ······ 72

  4.1 布敦岩沥青灰分沥青胶浆的制取 ······ 72

  4.2 布敦岩沥青灰分沥青胶浆的温度扫描分析 ······ 72

  4.3 布敦岩沥青灰分沥青胶浆的光老化特性分析 ······ 76

  4.4 粒径对沥青胶浆性能影响分析 ······ 81

  4.5 青川岩沥青灰分沥青胶浆性能研究 ······ 91

  4.6 本章小结 ······ 97

第5章 布敦岩沥青灰分胶浆流变性能的离散元建模分析 ······ 100

  5.1 沥青胶浆的离散元研究方法 ······ 100

5.2 沥青胶浆流变性能试验建模方法 ……………………………… 103
  5.3 模拟结果验证及规律分析 ……………………………………… 107
  5.4 布敦岩沥青灰分胶浆的离散元模拟 …………………………… 111
  5.5 本章小结 ………………………………………………………… 116

第 6 章 布敦岩沥青改性沥青混合料路用性能研究 ……………… 119
  6.1 布敦岩沥青掺配工艺 …………………………………………… 119
  6.2 BRA 改性沥青混合料配合比设计 ……………………………… 121
  6.3 BRA 改性沥青混合料性能试验方案 …………………………… 124
  6.4 混合料配合比设计 ……………………………………………… 125
  6.5 BRA 改性沥青混合料路用性能 ………………………………… 133
  6.6 BRA 改性沥青混合料疲劳性能 ………………………………… 137
  6.7 本章小结 ………………………………………………………… 141

第 7 章 布敦岩沥青改性沥青低温性能改善 ……………………… 143
  7.1 BRA/SBR 复合改性沥青制备 …………………………………… 143
  7.2 BRA/SBR 复合改性沥青常规性能 ……………………………… 149
  7.3 BRA/SBR 复合改性沥青 SHRP 试验性能研究 ………………… 154
  7.4 本章小结 ………………………………………………………… 174

第 8 章 试验路实施、质量控制与经济效益分析 ………………… 176
  8.1 布敦岩沥青改性沥青路面试验段路面结构设计 ……………… 176
  8.2 布敦岩沥青改性沥青路面施工工艺 …………………………… 178
  8.3 布敦岩沥青改性沥青路面试验段施工质量检验 ……………… 187
  8.4 布敦岩沥青混合料路用性能优化问题探究 …………………… 193
  8.5 经济效益分析 …………………………………………………… 193
  8.6 本章小结 ………………………………………………………… 196

参考文献 ……………………………………………………………… 197

第1章 绪论

1.1 岩沥青改性的必要性

截至"十三五"期末,全国公路通车里程达519.81万km,其中包含高速公路16.1万km。根据国家综合立体交通网规划纲要,从现在至2035年,还将有大量高速公路亟待修建。由于沥青路面具有行车舒适性好、外观美观、维修方便快捷等特点,我国高等级公路大部分采用沥青路面结构形式。

近年来,随着高速公路网的不断完善和国民经济的迅速发展,交通量与日俱增,且超限、超载车辆比例越来越高;同时,随着气候变暖,极端天气越来越多。在多种不利因素的共同作用下,沥青路面不可避免地出现了松散、坑槽、车辙和裂缝等病害。为了解决这一问题,广大科研和技术人员在路面结构、路面材料和施工质量控制等方面做了大量的工作。针对路面材料,在大交通量、重载交通条件下,普通石油沥青难以满足沥青路面高强、耐久和安全等方面的性能要求,科研人员形成共识,高等级公路沥青路面采用单层改性沥青乃至双层改性沥青是十分必要的。

随着高速公路的大发展,越来越多项目开始使用改性沥青。1992年PE聚乙烯(Polyethylene)现场改性技术被引入我国,促进了改性沥青的推广和应用。1997年,北京的通顺路和东西长安街使用了苯乙烯-丁二烯-苯乙烯(Styrene-Butadiene-Styrene,SBS)改性沥青;1999年,为了减少低温开裂,京藏公路使用了丁苯橡胶(Butadiene Styrene Rubber,SBR)改性沥青,之后SBS改性沥青逐渐国产化,改性沥青的使用变得更加方便。

改性沥青的大规模使用,使得沥青路面在大交通量和恶劣天气的影响下,仍能够保持良好的使用状态,有效延长沥青路面的使用寿命。目前高速公路常用的改性沥青有SBS改性沥青、SBR改性沥青、PE改性沥青和丙烯酸酯橡胶(Acrylester Rubber,AR)改性沥青等。这些常用的改性沥青存在的共性问题主要是改性剂(SBS等)很难与基质沥青相容。为了解决相容性问题,改性沥青厂家在改性沥青生产和加工设备的改进方面进行了大量的探索和投资,同时在运输和存储上也采取了诸如保温和不间断搅拌等措施来防止改性剂和基质沥青的离析。上述因素既降低了改性沥青使用的便利性,也在某种程度上为其使用增加了限制因素。

为了解决聚合物改性沥青的一系列问题,近年来,采用天然沥青作为改性剂对基质沥青进行改性逐渐走入道路从业者的视野。天然沥青通常具有以下特性。

(1)天然沥青可以提高沥青和沥青混合料的高温性能。

天然沥青中的沥青成分软化点高,加入基质沥青后,可以显著提高其软化点,改善其高温性能,从而可以使沥青混合料的高温性能得到较大幅度的提高。

(2)天然沥青能够提高沥青混合料的抗水损坏能力。

天然沥青中含有氮、氧、硫和一些金属元素,可以提高沥青和石料的黏附性,表现为增大沥青黏度,增强抗氧化性能,从而提高沥青混合料的抗水损坏能力。这种特性有别于掺加抗剥落剂(主要是有机胺类物质)来提高沥青与集料黏附性的原理,可以避免有机胺类物质在高温、长时间条件下抗剥落性能迅速降低的不利情形。

(3)天然沥青能够提高沥青的耐候性。

经过千百万年,天然沥青中易老化和易被腐蚀的成分已消失,剩余成分极其稳定,因而其具有耐候性好、抗老化能力强的特性。

(4)天然沥青通常不含蜡,可以改善含蜡量高的基质沥青的品质。

在周边环境的长期作用下,天然沥青中原有的蜡含量急剧降低,并转化为其他物质形式存在。将其加入普通沥青中,会将这一特性一定程度上在重组中遗传给基质沥青,从而降低蜡在沥青中的危害性。

(5)天然沥青本质上是石油基的固体,因此其与基质沥青的相容性优于 SBS 改性沥青[2]。

(6)天然沥青改性具有生产工艺简单、混合料施工方便的特点。

天然沥青的类型很多,主要为岩沥青和湖沥青等,其中产自印度尼西亚布敦岛的布敦岩沥青近年来在国内得到了较为广泛的应用,但是对其改性机理尚未进行全面、系统的研究,特别是尚未揭示布敦岩沥青中灰分和纯沥青各自在改性中起到的作用。因此为了更好地指导布敦岩沥青改性沥青的使用,更好地发挥其性能,本书对布敦岩沥青(Buton Rock Asphalt,BRA)的改性机理进行深入系统的揭示。

1.2 国内外岩沥青改性技术发展概况

1.2.1 国外岩沥青等天然沥青改性技术发展概况

1)布敦岩沥青改性技术国外发展概况

在很久以前,人类便开始使用岩沥青。1802 年,法国人修建了第一条岩沥青路面;1838 年,美国费城也修建了岩沥青路面;进入现代,科学技术得到了长足的发展,道路工程中开始更多地使用岩沥青,布敦岩沥青是最具代表性的一种。

1894 年,Adms W A 提出在岩沥青使用过程中需先将其破碎、筛分等,较为有效地解决了岩沥青的有效利用问题[3]。1926 年,Bentley W 发现岩沥青具有良好的抗水损坏能力和强度,可以通过在旧路面加铺 0.5~1.5in① 岩沥青来提高路面的水稳定性和强度[4]。1934 年,Alvey G H 提出岩沥青中含有的矿物质具有多孔特性,岩沥青中纯沥青同时存在于矿物质表面和多孔孔隙中,同时提出采用"干法"工艺制备岩沥青混合料[5]。1985 年,在第三届国际重油及沥青砂学术会议(Third International Conference on Heavy Crude and Tar Sands)上,天然沥青被 Cornelius 等专家重新定义[6]。1990 年,美国学者 Meyer R F 和 Witt W D 采用天然沥青在 CS_2 溶液中的溶解度及氢碳比值对天然沥青进行重新归类,并指出美国、前苏联、我国和委内瑞拉在天然沥青的分布国度中排名前列[7]。

进入 21 世纪,随着交通运输事业的发展,超载和渠化问题越来越严重[8],路面的病害越来越多,主要包括车辙、坑洞、隆起和疲劳开裂[9]等,大家逐步认识到使用改性沥青对提高路面性能至关重要[10-12]。虽然 SBS 改性沥青兼具高温和低温双重优点,已成为工程界的主流选择,但是也存在初始成本高、加工难度大、储存稳定性差等缺陷[13-15]。针对 SBS 改性沥青存在的不足,许多学者对其他改性方式如岩沥青改性沥青进行了研究。岩沥青(Rock Asphalt,RA)是指来源于渗入山体、岩石裂隙中的石油物质,这些物质在长期蒸发、凝固作用下形成天然沥青[16-17]。近些年来,岩沥青以其路用性能良好、施工工艺简便、价格低廉等优势而成功应用于道路建设中[18]。

在布敦岩沥青改性沥青方面,大多数现有研究表明,添加岩沥青可改善沥青高温性能[19-21],同时也可以降低温度敏感性,但其低温性能会受到不同程度的影响。Lv S 等[18]为了提高岩沥青改性沥青的低温性能,通过 SBR 和纳米碳酸钙进行复合改性,发现 SBR 的加入能有效改善岩沥青改性沥青的低温性能。Shi X 等[8]研究了 16 种不同掺量的青川岩沥青改性沥青的流变性能,通过单变量和方差分析,比较了青川岩沥青对沥青流变性能的影响,确定了最佳用量为 6%。Suaryana N[22]研究了以 BRA 为稳定剂的石油沥青的性能,发现 BRA 能有效提升沥青混合料的抗水损坏能力。

在布敦岩沥青改性沥青混合料方面,近年来国外学者也做了大量的研究。Du S W[23]评价了低掺量 SBS/RA 复合改性沥青混合料的性能,可达到 SBS 改性沥

---

① 1in = 0.0254m。

青混合料的相应性能,并能满足各温度区的要求。Ruixia L I 等[24]发现 BRA 改性沥青混合料比 SBS 改性沥青混合料具有更好的抗疲劳性能,说明 BRA 的化学结构与沥青结合料相似,因此沥青结合料与 BRA 的相容性优于 SBS。Yilmaz M 等[25]的研究发现,与 SBS 改性沥青混合料相比,SBS/RA 复合改性沥青混合料具有更好的疲劳寿命。Hadiwardoyo S P 等[26]测试了 BRA 改性沥青混合料的抗滑性能,结果表明,混合料的抗滑值随试件表面温度的提高而降低,且混合料表面的抗滑值大于普通沥青混合料。Karami M 等[27]研究了 BRA 对沥青混合料弹性模量的影响,试验结果表明,与未改性的沥青混合料相比,BRA 改性沥青混合料的回弹模量较高,岩沥青含量较高的沥青混合料具有更高的弹性模量。

2)其他天然沥青改性技术国外发展概况

特立尼达湖沥青(Trinidad Lake Asphalt,TLA)是另外一种常用的天然沥青,从某种程度来讲,其具有和布敦岩沥青较为类似的性质。近年来,国外对 TLA 也进行了较多的研究。

早在 19 世纪 80 年代,TLA 便在美国华盛顿特区的城市街道工程中得到应用,又在机场跑道铺装、桥面铺装和高等级公路中得到较大范围的应用[28],随后在其他州如纽约州和新泽西州的重载交通项目也得到了应用[29]。

英国对 TLA 的应用也做了许多尝试。在英国伦敦的一些街道和高速公路也通过在沥青混合料中掺加 TLA 来抵抗重载交通引起的变形。同时,德国柏林地区和其他几个州的高等级公路也较大规模地使用了 TLA,主要应用于浇筑式沥青混凝土和 SMA(沥青玛琋脂碎石混合料),实践证明 TLA 除耐久性较好,也具有较低的温度敏感性和较好的黏结特性[30]。

在 TLA 的产地特立尼达和多巴哥,早在 1944 年人们便开始了 TLA 的应用。具体是将 TLA 应用于重载交通路面表面层的沥青混合料,采用30%的掺量。实践证明,铺筑了 TLA 改性沥青混合料的路面具有优异的耐久性,实际使用年限达到了预估年限的两倍多[31]。

国外通过对 TLA 改性沥青和 TLA 改性沥青混合料研究发现,TLA 属于天然沥青的一种,自身坚硬且软化点高,含有较高含量的火山灰成分。由于自身特性原因,TLA 无法直接作为沥青结合料使用,适宜的使用方法是将其作为改性剂与基质沥青混合使用,一般掺加量为20%~40%。这能够显著提高沥青混合料的路用性能,且耐久性好,维修费用较低。

在应用的过程中,国外不少国家均编制了关于 TLA 的沥青规范,如英国的 BS 3690、美国的 ASTM D 5170 和日本的设计指南等。这些规范对 TLA 自身性质、

TLA 改性沥青均提出了相关的技术要求。

1.2.2 国内岩沥青改性技术发展概况

1) 布敦岩沥青改性技术国内发展概况

国外关于布敦岩沥青的应用及相关研究开展得较早,我国相对晚一些。进入 21 世纪以来,布敦岩沥青开始在国内进入应用阶段。2000 年 11 月,应印度尼西亚国家政府的邀请,我国交通部公路科学研究所沈金安教授带队到印度尼西亚考察布敦岩沥青的应用情况,之后,我国对布敦岩沥青的认识得到了提高。具体应用工程如下:

2002 年 9 月,布敦岩沥青在河北省京建线的铁门关至孤山子段开始使用,应用层位为表面层,河北省承德市公路管理处负责实施。经质量评定和外观定期跟踪检测,试验段路面平整度和压实度较好、集料黏附性优异。

2003 年 9 月,河北省宣大高速公路表面层使用了布敦岩沥青,由河北北方公路工程建设集团有限公司负责实施。通车 3 年后,跟踪检测结果表明路况良好。

2004 年 6 月,石太高速公路河北段大修工程使用了布敦岩沥青,应用层位为表面层沥青混凝土,施工方为河北省邯郸光太公路工程公司。跟踪检测结果表明布敦岩沥青改性沥青能够满足设计和规范相关指标。

2005 年 9 月,布敦岩沥青在河北邢临高速公路一期工程得到应用,使用层位为表面层和中面层,表面层为 AC-16、中面层为 AC-25,由河北省邢台路桥建设总公司负责实施。完工后跟踪检测表明效果良好。

随后,布敦岩沥青在全国各地如安徽合徐高速公路、广东京珠南高速公路、上海虹桥交通枢纽、北京长安街大修、四川成都至仁寿高速公路、宜宾至泸州高速公路、上海沪崇启高速公路、安徽徐明高速公路、湖南沪昆高速公路潭邵段大修工程都进行了广泛的应用。应用项目既有高速公路,也有市政道路;既有新建工程,也有大修工程。应用的层位既有表面层,也有中面层,更有表面层和中面层双层使用。这些项目总结了丰富的布敦岩沥青使用经验,锻炼了工程实施队伍。

随着实体工程的广泛应用,相关道路工作者也做了大量与布敦岩沥青相关的科研工作,在布敦岩沥青改性机理、布敦岩沥青改性沥青性能和施工质量控制方面均取得了相当数量的研究成果。具体如下:

2005 年,杜群乐等[32]结合河北宣大高速公路项目探讨了布敦岩沥青的产生方式及改性机理,基于不同掺量条件对岩沥青混合料进行了级配设计和混合料性能试验。研究表明,布敦岩沥青具有良好的耐高温、低温和抗水损坏等性能,能够有效延长道路使用寿命。

2006年,王联芳[33]通过采用GTM(美国工程兵旋转压实剪切试验机,Gyratory Testing Machine)试验方法探讨了基于不同掺量条件的BRA改性沥青混合料的配合比设计方法,并对不同掺量的混合料进行了高温、低温和水损坏研究。试验表明,布敦岩沥青的掺加可以有效提高混合料的高温、低温和水稳定性。

2007年,同济大学刘树堂[34]对布敦岩沥青开展了组成元素电镜分析、纯布敦岩沥青和其改性沥青的性能、沥青混合料最佳油石比、BRA改性沥青混合料配合比设计等方面的研究。结果表明,布敦岩沥青含有C、H、O、S、Si、Mg、Ca和Fe等元素,颗粒形状各异,具有多孔和空心球状形态。纯布敦岩沥青沥青质含量高、胶质含量低、属于20号沥青。布敦岩沥青中的纯沥青成分在改性过程中起到主要作用。布敦岩沥青改性沥青混合料的突出特点是动稳定度、回弹模量得到较大提高。

同年,查旭东等[35]使用埃索70号沥青,研究了不同掺量条件下的BRA改性沥青的性能。研究表明,随着布敦岩沥青掺量的增加,BRA改性沥青的高温、低温、抗变形和感温性能与BRA的掺量呈正相关性,推荐岩沥青的适宜掺量为10%~20%。

2008年,王恒斌等[36]采用AR2000型高级智能流变仪对不同掺量条件下的BRA改性沥青的动态流变性能进行研究。试验结果表明,布敦岩沥青可以明显提升基质沥青的高温性能,通过车辙因子对比,发现布敦岩沥青改性沥青的高温性能可以与SBS改性沥青媲美。

同年,吉林大学路剑其[37]结合济青高速公路等多条试验路研究了布敦岩沥青的施工工艺,提出了适宜拌和温度为160~180℃,在直接费用增加不多的前提下,布敦岩沥青能够有效提高混合料的高温稳定性和耐久性。经综合评价,布敦岩沥青混合料具有较为可观的优势。

2009年,孟勇军等[38]研究了布敦岩沥青不同掺量条件下的改性效果。研究表明,布敦岩沥青不是掺量越高越好,存在最佳掺量范围;提出25℃针入度与SHRP(美国公路战略研究计划,Strategic Highway Research Program)试验中的车辙因子具有良好的相关性,可以用来评价布敦岩沥青改性沥青的效果。

同年,查旭东等[39]对不同掺量的布敦岩沥青混合料的路用性能进行了研究,提出布敦岩沥青掺量为20%时,路用效果最好。

2010年,吕天华等[40]采用DSR试验研究了BRA改性沥青的高温性能。结果表明,BRA改性沥青的车辙因子与BRA改性沥青混合料的动稳定度呈线性正相关,可以采用BRA改性沥青的车辙因子来评价BRA改性沥青混合料的高温性能。

同年,长安大学李瑞霞[41]采用红外光谱分析、化学分析、扫描电镜分析等手段对布敦岩沥青的改性过程进行了分析,对布敦岩沥青对基质沥青的改性机理进行了探讨。也对 AC-13 和 AC-20 两种级配的 BRA 混合料性能进行了研究,结果表明,BRA 改性沥青混合料的劈裂强度和模量均高于常用的 SBS 改性沥青混合料。

2011 年,江苏省交通科学研究院白康等[42]研究了布敦岩沥青和橡胶粉复合改性对沥青的影响。结果表明,这一复合改性生产后的沥青 60℃黏度和 177℃黏度均得到了显著提高。

2013 年,张福强等[43]对布敦岩沥青改性沥青混合料的配合比设计进行了研究。结果表明,布敦岩沥青改性沥青混合料具有良好的抗水损坏能力和高温抗车辙能力。这一特性说明布敦岩沥青可以应用在湿热、高温的南方地区,且具有较好的经济效益和社会效益。

2015 年,长沙理工大学张博文[44]对不同岩沥青掺量的岩沥青改性沥青进行了常规指标试验和 SHRP 试验研究,根据布敦岩沥青改性沥青的性能变化规律提出了合理的推荐掺量范围。并且对比研究了 BRA 改性沥青混合料与 SBS 改性沥青混合料的性能。结果表明,BRA 改性沥青混合料的性能与 SBS 改性沥青混合料接近,且老化后的性能折减程度远远低于 SBS 改性沥青混合料,具有良好的抗老化性能。

同年,长安大学周鑫[45]从微观结构的角度,研究了常见的三种天然沥青——特立尼达湖沥青、布敦岩沥青和青川岩沥青的基本特性,对天然沥青的改性机理进行了探讨;研究了不同天然沥青的改性机理,同时对施工工艺进行了研究。

长沙理工大学钱光耀[46]对布敦岩沥青材料性能进行了深入研究,提出了 BRA 中的矿物质和纯沥青的有效分离方法,对 BRA 颗粒的形态、元素进行了分析,提出了 BRA 掺入基质沥青中是物理混溶的过程,同时采用 PG 分级(性能分级,Performance Grade)的方式对 BRA 进行了评价。

2)其他天然沥青改性技术国内发展概况

近年来,TLA 作为天然沥青的一种也逐渐在国内广泛应用开来。从香港的过江隧道项目和青马大桥项目开始,TLA 开始在国内逐步得到应用。TLA 也在如沧黄高速公路、佛山一环工程、杭州绕城高速公路等一大批有代表性的实体工程中得到了推广使用。在实体工程的实施过程中,研究和技术人员发现 TLA 改性沥青具有如下特点。

(1)TLA 改性沥青混合料具有优良的路用性能,其高温、水稳定和抗老化性能较普通基质沥青混合料都有了较大的提高。

(2) TLA 改性沥青可以提高混合料的低温性能。

(3) TLA 改性沥青的加工工艺相对其他改性方式较为简单,其直接成本也适中,因此 TLA 改性沥青混合料兼具优异的路用性能和较好的经济性,即在提升混合料性能的基础上,同时能够降低直接使用成本。

随着 TLA 在实体工程中的应用,针对 TLA 的研究也逐步开展起来,也取得了一些研究成果。具体如下:

(1) TLA 改性沥青基本性能。

TLA 和基质沥青混溶后形成的 TLA 改性沥青较基质沥青软化点明显提高,针入度降低,TLA 能够有效提高基质沥青的高温性能;经过老化试验研究,TLA 改性沥青也具有较好的抗老化性能[47]。沈金安[28]对 TLA 改性沥青的低温性能也进行了研究,结果表明,TLA 改性沥青具有良好的低温抗开裂的性能,可以在寒冷地区使用。

(2) TLA 改性沥青混合料基本性能。

TLA 改性沥青混合料的马歇尔稳定度略高于 SBS 改性沥青混合料,远高于基质沥青混合料,TLA 改性沥青混合料的残留稳定度和残留劈裂强度都高于基质沥青混合料,表明 TLA 改性沥青混合料具有较为优异的水稳定性。TLA 改性沥青混合料同样具有显著的高温性能,TLA 的掺量、基质沥青性质等因素对混合料的性能影响较大,随着 TLA 掺量的增加,混合料的动稳定度逐步提高[48]。

(3) TLA 改性机理。

张恒龙等[49]通过使用原子力显微镜(Atomic Force Microscope,AFM)对 TLA 改性机理进行了研究。研究结果表明,TLA 可以改变沥青质和其他成分间的相互作用,沥青的体系变得更加稳定,改性沥青的软化点和黏度等指标也得到了较大提高。TLA 加入基质沥青形成 TLA 改性沥青的过程主要是物理混溶,TLA 掺入后,基质沥青中四组分的比例发生变化,其流变特性也随之发生变化。沥青的胶体性质也发生了变化,极性增强,从溶胶型向溶-凝胶型转变。

查旭东等[50]对 TLA 中的灰分进行了研究,发现灰分的主要成分为硅酸盐火山灰,灰分表面粗糙、形状不规则,比表面积较石灰岩矿粉大得多。通过 SHRP 试验研究发现,TLA 灰分胶浆的车辙因子较石灰岩矿粉胶浆的车辙因子大得多,灰分对沥青具有较强的增韧作用。这是 TLA 改性沥青胶浆高温性能优异的重要原因之一。

(4) TLA 改性沥青混合料配合比设计。

由于 TLA 改性沥青混合料中含有较多的灰分,且较大部分粒径小于 0.075mm,因此在进行配合比设计时需要考虑灰分的影响。冯新军等[51]对灰分的特性进行了研究,发现在掺量较多的情况下,灰分对合成级配中 2.36mm 筛孔以下的通过率会有较大的影响,混合料中沥青的饱和度比基质沥青小,据此提出了配合比设计时 TLA 改性沥青油石比和纯油石比的换算关系。

(5)TLA 掺加工艺。

TLA 改性沥青的制备通常是先加热基质沥青至 135~150℃,然后将预先粉碎过的 TLA 加到基质沥青中,边添加边搅拌。潘放等[52]对 TLA 改性沥青的制备方法进行了研究,提出在制备 TLA 改性沥青将基质沥青加热的同时,应将 TLA 加热至 190℃,再按比例在拌和罐中进行搅拌,搅拌时间不低于 30min,通过这种制作方法可以得到 170℃左右的 TLA 改性沥青成品。

1.2.3　国内外布敦岩沥青改性技术发展分析

综合国内外对布敦岩沥青和其他天然沥青的研究可知,国内外关于布敦岩沥青的研究主要集中在 BRA 改性沥青的性能和 BRA 改性沥青混合料路用性能方面。虽然目前国内外对布敦岩沥青的研究已经取得了相当丰硕的成果,但是还存在以下几个关键问题亟待进一步研究和揭示。

1)布敦岩沥青改性机理

对于布敦岩沥青的改性机理,国内外虽然进行了较多的研究,但是针对 BRA 对基质沥青的改性机理研究不够系统和深入,甚至存在研究结论不一致的地方。如有的研究成果表明在布敦岩沥青的改性过程中是布敦岩沥青中的沥青成分——纯沥青起着主要作用,沥青中四组分的变化是布敦岩沥青中的沥青成分溶入基质沥青的结果;而有的研究成果又不这么认为,但是又论述得比较模糊。总之,对于布敦岩沥青的改性机理没有研究透彻,且没有统一的说法。

同时,对于布敦岩沥青中的两大主要成分——灰分和纯沥青各自在改性过程中的作用尚未进行研究,对各自的改性作用尚未揭示。

2)布敦岩沥青灰分胶浆性能

截至目前,对于在布敦岩沥青改性作用中占重要地位的灰分尚未进行系统、综合的研究,如光老化特性,与其他岩沥青灰分胶浆的性能对比以及与石灰岩矿粉胶浆的性能对比等。同时,对布敦岩沥青灰分胶浆性能的数值模拟尚未开展,这也是需要重点研究的方向。清楚掌握这些规律,建立数值分析模型,有助于将来类似材料的人工合成。

3)布敦岩沥青改性沥青混合料配合比设计方法

目前常用的布敦岩沥青改性沥青混合料配合比设计方法,多采用经验法,尚没有结合布敦岩沥青特性和布敦岩沥青改性机理的精确的配合比设计方法。这一现状导致布敦岩沥青用量不够精确,基质沥青的用量也不够精确。这样很难发挥出布敦岩沥青的特性,甚至出现布敦岩沥青性能浪费的现象。

鉴于此,本书主要针对上述问题,对布敦岩沥青改性机理、布敦岩沥青改性过程中各成分的作用、布敦岩沥青灰分胶浆性能、布敦岩沥青灰分胶浆流变性能离散元模拟和布敦岩沥青改性沥青混合料配合比设计方法及路用性能进行论述。

第2章 布敦岩沥青和布敦岩沥青改性沥青特性

布敦岩沥青属于天然沥青的一种,目前在国内外的研究已经进行了多年,且在国内外一些道路工程中得到了应用。研究发现,BRA能显著提升沥青高温性能,改善效果和BRA掺量息息相关。但对于BRA改性的机理,业内的研究尚未形成共识,亟待进一步深化相关研究工作。有鉴于此,本章拟从布敦岩沥青的成分分析、各成分的物理化学性质、布敦岩沥青改性沥青的技术特点入手,通过红外光谱、电镜扫描等技术手段,从微观角度对布敦岩沥青进行分析,为揭示布敦岩沥青改性机理提供依据,也为布敦岩沥青的合理、高效利用提供依据和支撑。

2.1 布敦岩沥青特性

2.1.1 布敦岩沥青主要技术指标

布敦岩沥青(BRA)产自印尼苏拉威西省的布敦岛(Buton),是岩石夹缝中的石油在外界作用下形成的沥青类物质,这些作用包括热、压力、溶媒、氧化和细菌等,这一沉积变化过程长达亿万年。本书试验所用材料为湖南布敦岩环保科技发展有限公司供应的布敦岩沥青。

根据《公路工程沥青及沥青混合料试验规程》(JTG E20—2011),对布敦岩沥青进行相关技术指标的测试,测试结果见表2-1~表2-3。

布敦岩沥青的主要技术性质　　　　　　表2-1

技术指标	试验结果	标　准　值	备　注
目测外观	褐色粉末	黑色、褐色粉末	依据 JT/T 860.5—2014
灰分含量(%)	71.10	≤80	依据 JT/T 860.5—2014
三氯乙烯溶解度(%)	28.89	>25	依据 DB34/T 2323—2015
含水率(%)	0.96	≤2	依据 JT/T 860.5—2014
闪点(℃)	265	≥230	依据 DB34/T 2323—2015
密度(g/cm^3)	1.740	>1.6	依据 DB34/T 2323—2015

布敦岩沥青颗粒级配							表 2-2
筛孔(mm)	4.75	2.36	1.18	0.6	0.3	0.15	0.075
通过率(%)	100	99.75	87.86	70.74	51.82	33.80	15.49
规范要求(%)	100	95~100	>80	依据 JT/T 860.5—2014			

JTG F40—2004 中 0~3mm 细集料级配要求							表 2-3
筛孔(mm)	4.75	2.36	1.18	0.6	0.3	0.15	0.075
通过率(%)	100	80~100	50~80	25~60	8~45	0~25	0~15

由表 2-2 中的试验结果可知,BRA 的粒径比《公路沥青路面施工技术规范》(JTG F40—2004)要求的 0~3mm 细集料的粒径小,BRA 中灰分含量为 71.10%(图 2-1),其余部分为沥青成分(图 2-2),且粒度满足要求。

图 2-1 布敦岩沥青灰分颗粒

图 2-2 布敦岩沥青颗粒

2.1.2 布敦岩沥青中灰分性质

BRA 和石油沥青最大不同在于其含有灰分。为研究灰分的特性,需将其进行有效的分离,如采用高温煅烧的方法将 BRA 中的纯沥青去除,具体为将布敦岩沥青置于 482℃±5℃高温炉中燃烧 2h,则灰分有效分离出来。为更好地描述灰分的性质,将其与常用的石灰岩矿粉进行比较,同时也与 BAR 颗粒自身进行比较分析。

1)密度

对常用的石灰岩矿粉、BRA 颗粒及 BRA 中灰分进行表观密度测定,测定结果见表 2-4。

由试验结果可知,石灰岩矿粉的密度最大,布敦岩沥青最小,但仍比普通基质沥青密度大69%左右。

矿粉、BRA颗粒及BRA中灰分密度对比一览　　　　表2-4

类　型	密度(g/cm³)	测　定　方　法
石灰岩矿粉	2.710	《公路工程集料试验规程》 (JTG E42—2005)T 0352—2000
BRA中灰分	2.502	《公路工程集料试验规程》 (JTG E42—2005)T 0352—2000
BRA颗粒	1.740	《公路工程沥青及沥青混合料试验规程》 (JTG E20—2011)T 0603—2011

2）比表面积

比表面积是指1g固体物质所具有的内表面积和外表面积之和，通常用 m^2/g 表示，是表征固体材料性能重要的物化参数。影响比表面积的因素众多，包括材料内部的孔结构和材料表面粗糙程度。表面积包含外表面积和内表面积。对于非孔性物料，如硅酸盐水泥、一些黏土矿物等，理想的情况是只有外表面积，但有孔和多孔材料通常兼有内、外表面积，如岩(矿)棉、硅藻土等。容积吸附法、流动吸附法、透气法和气体附着法是常用的测定方法。

通常将比表面积作为评价催化剂、吸附剂等多孔物质工业利用的重要指标，如石棉、硅藻土及黏土类矿物。一般比表面积大、活性大的多孔物，吸附能力强。粉尘粒子越细，比表面积越大。细粒子通常表现出显著的物理和化学活性，如氧化、溶解、蒸发、吸附、催化以及生理效应等都能因细粒子比表面积大而被加速。粉尘的润湿性和黏附性也与其比表面积相关联[53]。

本书根据《气体吸附BET法测定固态物质比表面积》(GB/T 19587—2017)，采用测定试样吸附气体量来进行比表面积测量。BET(Brunauer-Emmett-Teller)法是目前通用的测定比表面积的方法，可以同时测定外表面积和内表面积，其他方法均通过对BET法进行标定来进行测量。采用 N_2 静态吸附试验法，首先测得等温条件下氮气在分子筛表面上的吸附量随压力变化特征，绘制分子筛的吸附-脱附等温曲线，再得到材料的比表面积。本试验仪器为 Autosorb-1-MP 型吸附仪(美国康塔 Quantachrome 公司产)。使用纯度高的 N_2 作为吸附介质，并应用液氮(77K①)为冷阱，测定 N_2 吸附-脱附等温线，通过BET相关方程计算试样的比表面积。通过测试可得石灰岩矿粉、BRA颗粒和BRA灰分的吸附-脱附等温线，如图2-3～图2-5所

---

① 1K = -272.15℃。

示,比表面积试验结果见表2-5。

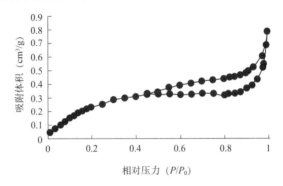

图2-3　BRA颗粒的N_2吸附-脱附曲线

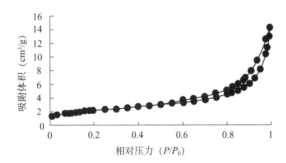

图2-4　BRA灰分的N_2吸附-脱附曲线

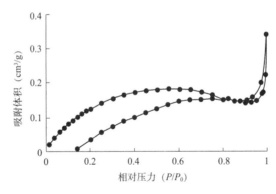

图2-5　石灰岩矿粉的N_2吸附-脱附曲线

比 表 面 积 汇 总　　　　　表2-5

材料类型	石灰岩矿粉	BRA颗粒	BRA灰分
BET法测定比表面积(m^2/g)	0.58	1.06	6.90

第2章 布敦岩沥青和布敦岩沥青改性沥青特性

由表2-5三种材料的测试结果可知,碳岩矿粉的比表面积为$0.58m^2/g$,与普通水泥的比表面积类似,可推断其接近为实心结构;BRA颗粒比表面积为$1.06m^2/g$,BRA灰分比表面积为$6.90m^2/g$,是石灰岩矿粉12倍左右。

对吸附-脱附曲线进行深入分析可知,BRA颗粒和BRA灰分的吸附-脱附曲线存在较大的滞后环,而石灰岩矿粉则不存在这一现象。根据测试原理,滞后环表明物体内部存在内部孔隙。这也揭示了BRA颗粒和BRA灰分比表面积较大的原因。

通过与石灰岩矿粉的比表面积和孔隙类型对比可知,布敦岩沥青颗粒及其灰分不是实心结构,存在外孔隙和内孔隙,故对沥青具有较强的吸附能力,可以增强沥青与集料的黏附作用,进而改善沥青混合料的性能。从表2-5可以看出,由于BRA含有灰分和纯沥青,BRA具有较大比表面积不仅是因为灰分具有较大的比表面积,纯沥青同样也应具有可观的比表面积。

3)灰分的级配

灰分是BRA中质量占比很高的成分,在BRA颗粒的高温煅烧过程中发现,燃烧后剩余固体物颗粒大小不一。因此,有必要对剩余固体物即灰分的级配进行分析,了解其颗粒的组成。

从图2-6和表2-6、表2-7可以得知:BRA高温煅烧后得到的灰分中含有较硬的颗粒物,颗粒粒径在0~3mm范围内,但是比《公路沥青路面施工技术规范》(JTG F40—2004)中0~3mm细集料要细得多,比《公路沥青路面施工技术规范》(JTG F40—2004)要求的矿粉的粒径要粗得多(规范要求矿粉的0.075mm通过率不小于75%)。

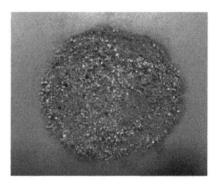

图2-6 岩沥青灰分颗粒(高温煅烧后)

布敦岩沥青灰分级配 表2-6

筛孔(mm)	2.36	1.18	0.6	0.3	0.15	0.075
通过率(%)	100	98.81	96.45	90.57	73.66	39.92
规范要求(%)	100	95~100	90~95	70~90	60~80	30~50
依据规范	依据《道路用布敦岩沥青》(DB34/T 2323—2015)					

《公路沥青路面施工技术规范》(JTG F40—2004)中 0~3mm 集料级配要求

表 2-7

筛孔(mm)	2.36	1.18	0.6	0.3	0.15	0.075
通过率(%)	80~100	50~80	25~60	8~45	0~25	0~15

2.1.3 布敦岩沥青中纯沥青性质

布敦岩沥青中除较高质量比的灰分,还含有一定质量的纯沥青,约占岩沥青质量的29%。为研究纯沥青的特性,需将其进行有效的分离。采用抽提的方法获取 BRA 中的纯沥青,对其进行分析。

将试验用的 BRA 中的纯沥青按照现行《公路沥青路面施工技术规范》(JTG F40—2004)要求,进行等级评定,试验结果详见表2-8。

BRA 中纯沥青指标汇总　　　　表 2-8

检测项目	单位	检测结果	检测方法
针入度(25℃,100g,5s)	0.1mm	6.7	T 0604—2011
软化点	℃	76.0	T 0606—2011
密度(25℃)	g/cm³	1.039	T 0603—2011

从表 2-8 中数据不难看出,BRA 中的纯沥青针入度值很低,基本相当于 10 号基质沥青;BRA 中纯沥青的软化点高,在常温下针入度值较小,表明纯沥青在常温下呈坚硬的固态;且密度比普通石油沥青大。

2.1.4 布敦岩沥青中纯沥青四组分分析

从化学分子表达式可以得到沥青物质的构造,各个组分的性质决定沥青的性能。沥青组分分析方法有多种,其中四组分分析法为常用的一种。四组分为饱和分、芳香分、胶质和沥青质,各组分在沥青的性能中起着不同的作用,在沥青中呈现出不同的物理化学性质[54]。

饱和分特点为针入度大,软化点低,黏度小。饱和分的含量要适当,若过多则分散介质的芳香度会不够,无法形成稳定的胶体分散体系。

沥青中芳香分亦可提高分散介质芳香度,是沥青中的软组分,使胶体具有较高的稳定性。

胶质属于硬组分,在常温下针入度为零,软化点很高,具有良好的塑性和黏附性。胶质是使沥青质在沥青体系中形成稳定胶溶的必要组分。

沥青质是沥青胶体体系中分散相的核心组分,是高温性能必需的组分。其含量增大,软化点增高,针入度随之减小,黏度增高,在高温条件下黏度增加幅度会更大。但沥青质过多会使沥青胶体呈凝胶态,则延度减小,易于脆裂。

现代研究认为沥青具有胶体分散系特性。高分子量的沥青质吸引附近半固态的胶质,形成胶团,其是一种复合物,极性较大,且由可溶质形成。胶团具有溶胶作用,可使胶团弥散,或溶解在分子量较低的芳香分与饱和分组成的介质中,形成稳固胶体。

根据沥青中各组分的含量和性质,沥青有三种胶体状态,即溶胶型结构、溶-凝胶型结构和凝胶型结构。

当沥青质的含量较少和胶质足够多时,胶团能够完全胶溶分散在芳香分和饱和分组成的介质中,胶团相距较远,它们之间的吸引力很小(甚至没有吸引力),胶团能够在分散介质许可范围内自由运动,这种胶体结构的沥青为溶胶型沥青。这类沥青完全服从牛顿流体,在路用性能上具有较好的自愈性和低温变形能力,但是温度敏感性较高。

若沥青中沥青质含量很高,且有相当数量的芳香度高的胶质形成胶团,沥青中胶团浓度相对很大,它们之间吸引力增强,使胶团靠得很近,形成空间网络结构。此时,液态的芳香分和饱和分在胶团的网格中形成"分散相",连续的胶团成为"分散介质",这种胶体结构的沥青为凝胶型沥青。这类沥青的特点是当施加荷载很小时,或在荷载时间很短时,具有明显的弹性效应。当应力超过屈服值之后,则表现为黏-弹特性变形,有时具有明显的触变性。这类沥青在路用性能上具有较低的温度敏感性,但是低温变形能力较差。

介于两者之间就形成溶-凝胶型沥青。若沥青质含量适当,并有较多的芳香度较高的胶质作为保护物质,这样形成的胶团数量增多,胶体中胶团的浓度增加,胶团距离相对靠近,胶团之间有一定的吸引力,这种介乎溶胶和凝胶之间的结构,称为溶-凝胶结构,这种结构的沥青为溶-凝胶沥青。这类沥青在变形的初级阶段,表现出明显的弹性效应,但变形增加至一定量后,又表现出一定程度的黏性流动,剪应力增加,黏度减小,是一种具有黏-弹特性的伪塑性体。这类沥青在高温时具有较低的感温性,在低温时具有较好的变形能力[55]。

表2-9为70号基质沥青和BRA中纯沥青的四组分结果。可以看出,从组分来看,BRA中纯沥青与普通基质沥青具有较大差别,BRA中纯沥青中沥青质含量高,饱和分、芳香分较低,表明BRA自身具有硬度高、软化点高,且黏附性好的特性。从沥青结构分类来看,普通的70号基质沥青属于溶-凝胶型沥青结构,而BRA中的纯沥青属于凝胶型结构,这与BRA形成的过程是息息相关的。

四 组 分 结 果　　　　　　　　表2-9

样品名称	饱和分(%)	芳香分(%)	胶质(%)	沥青质(%)	备 注
70号基质沥青	21.5	47.8	22.4	8.3	中石化"长岭"牌70号基质沥青
BRA中纯沥青	12.1	21.6	23.8	42.5	

2.1.5 布敦岩沥青受热后形态变化特性

在常温下布敦岩沥青呈固态,但是在制作BRA改性沥青时,将布敦岩沥青加入基质沥青中,需要在160~170℃的条件下进行剪切或者搅拌。因此,需要了解布敦岩沥青在160~170℃条件下的形态,从而更好地了解布敦岩沥青对基质沥青的改性作用。

试验方法为对布敦岩沥青进行间接加热,观察并记录其在各个温度下的形态变化。具体过程如下:

(1)温度达到65℃时布敦岩沥青颜色开始变化(深灰色至黑色),如图2-7所示。

(2)温度达到80℃,颜色加深,115℃时开始冒白烟,如图2-8所示。240℃左右冒白色浓烟(图2-9),300℃白烟变浓(图2-10)。

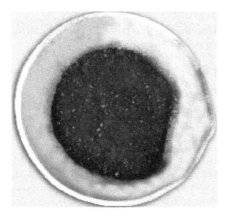

图2-7 加热至65℃　　　　　　　图2-8 80℃时颜色加深,115℃开始冒白烟

(3)温度达到400℃左右,可见黑色颗粒分解或者膨胀,如图2-11所示。

(4)温度达到580℃岩沥青开始烧红(类似于燃烧的煤球内部),同时白烟减少,温度达到580℃白烟消失,如图2-12所示。

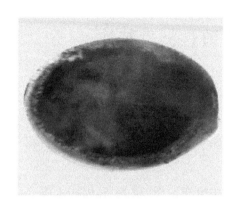
图 2-9　240℃开始冒白色浓烟

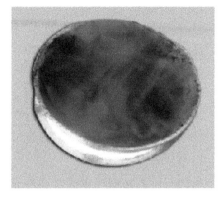
图 2-10　300℃左右白烟变浓

图 2-11　400℃左右烟雾减少

图 2-12　580℃白烟消失

(5) 全过程无纯沥青熔化、析出现象,如图 2-13 所示。

通过对上述试验过程中现象观测可知,在 200℃以下(矿料和沥青的加热温度范围内),布敦岩沥青中沥青成分没有熔化和析出现象,据此可以推测布敦岩沥青对基质沥青进行改性的过程中,布敦岩沥青中的沥青成分和矿物成分基本没有分离,整体在改性中发挥作用。

图 2-13　燃烧完成后冷却至室温

2.2　布敦岩沥青改性沥青特性

2.2.1　改性沥青的分类

从目前对沥青的改性方式来讲,沥青改性大致可以分为三大类,分别是物理改性、化学改性和工艺改性等[56]。

1) 物理改性

物理改性是指向沥青或者沥青混合料中填充炭黑、硫黄、石棉和木质素纤维等矿物填料以及废旧橡胶粉等材料,使沥青混合料的性能得到改善的一种改性方式。

2) 化学改性

化学改性主要是指向沥青中添加橡胶、树脂、高分子聚合物等化学材料,使沥青的性能发生改变的一种改性方式。目前常用的化学改性大多数为聚合物改性,从改性机理划分,有相容改性、溶胀网络改性、胶体结构变化改性和增强作用改性。

(1) 相容改性

因沥青与聚合物在相对分子量、化学结构上的差异较大,故两者属于热力学相容性较差的体系,体系中的不同组分在界面上的相互作用可以改善沥青的性能。聚合物在沥青中的溶胀和分散是动态平衡的过程,聚合物在沥青中分散成丝状与沥青质胶团均匀地分布于沥青的油分中,形成一个稳定的、不会发生分离的物理上的体系,与聚合物溶解的油蜡组分缓慢地扩散进入聚合物链段的空隙中,使链段松动、脱离以至溶解。好的相容性是对沥青进行改性的首要条件,也是降低沥青材料温度敏感性的先决条件。不同的沥青因其各组分含量不同而与聚合物的相容性不同,相容性好的体系性能指标优于相容性差的体系。

(2) 溶胀网络改性

SBS 改性方式是最典型的一种。SBS 中聚丁二烯段(Polybutadiene,PB)被轻组分溶胀,聚苯乙烯段(Polystyrene,PS)保持原样,随着 SBS 含量的增加,改性体系会发生反转,从以沥青为连续相转变为以聚合物为连续相。由于嵌段弹性体中聚苯乙烯内聚能密度较大,其两端分别与其他的聚苯乙烯聚集在一起,形成球状物(即微区)作为物理交联点分散在聚合物连续相中。网格之间强烈的相互作用限制了沥青质点之间的位移和沥青胶体的流动,提高了沥青的内聚力和柔韧性,也大幅度提高了沥青的弹性和黏度。

(3)胶体结构变化改性

聚合物能吸附沥青中的某些组分,沥青中与改性剂相似的轻组分(主要是油蜡),经过渗透、扩散进入聚合物网络,使聚合物溶胀,从而有效降低游离蜡含量。组分的变化使高蜡沥青从溶胶结构转变为溶-凝胶结构,显著提高了感温性能,也改善了其他性能。

(4)增强作用改性

聚合物粒子在改性沥青体系中起增强作用,即:聚合物粒子体积小,数量多,在低温时它们与基质沥青的模量不同,可产生高度的应力集中,诱发大量的银纹和剪切带,银纹和剪切带的产生与发展会消耗大量的能量,从而提高沥青的抗冲击强度和可塑性。而较大的聚合物粒子能防止单个银纹的生长和断裂,使其不至于很快发展为破坏性裂纹,从而改善沥青的低温柔韧性。

目前国内外常用的聚合物改性沥青种类大体可以分为以下三种类型。

(1)橡胶改性类,如丁苯橡胶(SBR)、天然橡胶(NR)等。

(2)热塑性弹性体改性类,如苯乙烯-丁二烯-苯乙烯嵌段共聚物(SBS)等。

(3)树脂类,如热固性树脂(环氧树脂EP)、热塑性树脂类(聚乙烯PE)等。

3)工艺改性

这种改性方式是对沥青进行不同工艺的加工,如氧化沥青、泡沫沥青等,通过特殊的加工方式以改变沥青的性能。

2.2.2 布敦岩沥青改性沥青的制备

布敦岩沥青的外观和颜色与"粉煤灰"类似,颗粒大小不等。一般来讲,需预先对其进行一定处理,再与基质沥青融合后进行相关试验。

本试验采用弗鲁克(Fluko)公司生产的FM300型高速剪切仪制备BRA改性沥青。试验前需预先将布敦岩沥青用研钵捣碎,再用方孔筛筛除0.15mm以上粒径部分(考虑BRA的粒径组成和后续试验的可行性与一致性),确保基质沥青和布敦岩沥青的均匀混合[57]。试验步骤如下:

1)基质沥青的制取

加热基质沥青,控制温度在155℃左右,待完全熔化后再搅拌均匀。

2)改性沥青的制取

采用外掺法,按特定掺量(本书中的掺量均是指布敦岩沥青质量/基质沥青质量)边搅拌基质沥青边掺加布敦岩沥青。搅拌过程温度保持在160~170℃,边掺加边热搅拌40min左右(控制转速在4500r/min左右),确保布敦岩沥青颗粒能均匀地分散,这个过程的温度应保证在170℃以下,尽量减少布敦岩沥青改性沥青制作过程中基质沥青老化问题,试验流程如图2-14所示。本章所用的基质沥青为中石化"长岭"牌70号石油沥青。

图2-14 布敦岩沥青改性沥青制备试验流程

2.2.3 布敦岩沥青改性沥青四组分分析

根据《公路工程沥青及沥青混合料试验规程》(JTG E20—2011)中沥青四组分试验方法,首先用正庚烷从沥青中沉淀出沥青质,过滤后对可溶分用中性 Al_2O_3 吸附,在液固色谱柱中依次用正庚烷(或石油)、甲苯、甲苯/乙醇(1∶1)、乙醇进行冲洗,冲洗后得到饱和分、芳香分和胶质的馏分,分别去除溶剂后测定质量。但是,由于布敦岩沥青中含有沥青成分,而在岩沥青加入基质沥青形成岩沥青改性沥青过程中,根据2.2.2节的试验结果,布敦岩沥青中的沥青成分基本没有析出来进入基质沥青中;而用《公路工程沥青及沥青混合料试验规程》(JTG E20—2011)中的标准试验方法来测定BRA改性沥青的四组分,会出现布敦岩沥青中的沥青成分也会被溶解进入试剂,造成由于试验方法导致的试验结果不可信的问题。因此,根据试验规程的方法直接测定布敦岩沥青改性沥青的四组分是不可行的,故本节采用间接分析的方法,定性地分析布敦岩沥青加入基质沥青后基质沥青四组分比例的变化。

将 BRA 加入基质沥青后,基质沥青的结构会发生变化,主要体现在沥青的四组分之间的比例会发生变化,导致沥青的胶体结构不同。沥青胶体结构的变化,会在其流变性能上充分体现,即沥青胶体结构的变化与沥青的针入度、延度和软化点等指标具有很强的相关性[58],见表2-10。通过这一特点,我们也可以通过沥青流变性能的变化,间接来反推沥青胶体结构的变化,如图2-15所示。

不同掺量的 BRA 改性沥青三大指标一览　　　　表2-10

序号	沥青类型	数据类型	软化点 (℃)	针入度 (100g,25℃,5s)	延度 (15℃,cm)
1	基质沥青	测定值	47.4	62	>100
			47.7	62	>100
			47.6	61	>100
		平均值	**47.6**	**61.7**	**>100**

续上表

序号	沥青类型	数据类型	软化点（℃）	针入度（100g,25℃,5s）	延度（15℃,cm）
2	25%掺量的BRA改性沥青	测定值	49.8	44	19.7
			50.1	44	19.9
			49.9	44	21.3
		平均值	**49.9**	**44.0**	**20.3**
3	50%掺量的BRA改性沥青	测定值	53.1	34	8.4
			53.3	33	8.8
			53.3	33	9.1
		平均值	**53.2**	**33.3**	**8.8**
4	75%掺量的BRA改性沥青	测定值	56	25	4.6
			56.1	26	4.7
			56	26	5.3
		平均值	**56.0**	**25.7**	**4.9**
5	100%掺量的BRA改性沥青	测定值	58.4	23	4
			58.7	23	4.1
			58.6	22	4.3
		平均值	**58.6**	**22.7**	**4.1**

注：掺量是指布敦岩沥青质量/基质沥青质量。

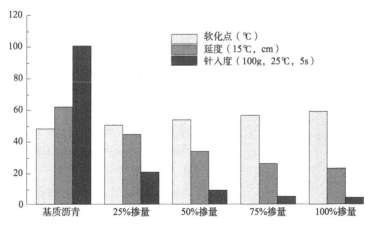

图2-15 不同掺量的BRA改性沥青三大指标

注：基质沥青15℃延度大于100cm，暂按100cm来绘图。

根据表 2-10 和图 2-15,随着布敦岩沥青掺入基质沥青及掺加量的不同,沥青的三大指标出现了明显的变化,那么反过来可以得知,随着布敦岩沥青的掺加及掺加量的不同,沥青的胶体结构发生了明显的变化。

2.2.4 布敦岩沥青中纯沥青在基质沥青中的溶解特性分析

根据前文布敦岩沥青的成分分析可知,布敦岩沥青主要由灰分和纯沥青组成,灰分是矿物质,显而易见,灰分不溶解于沥青,那么对于另外一种成分——纯沥青,它在布敦岩沥青改性沥青的生产过程("湿法"添加)和布敦岩沥青改性沥青混合料的生产过程中("干法"添加)是否溶解于基质沥青就显得尤为重要。揭示这一特性对分析布敦岩沥青改性沥青的改性机理和布敦岩沥青改性沥青混合料的配合比精准设计都非常必要。

布敦岩沥青颗粒最大粒径为 4.75mm,灰分最大粒径为 2.36mm,不论是在"湿法"制作布敦岩沥青改性沥青的过程中,还是直接"干法"添加至集料的过程中,布敦岩沥青颗粒均会在剪切作用下细化。根据相关资料,经过剪切作用后的岩沥青颗粒在 0.6mm 以下[59]。

为了解布敦岩沥青颗粒中的沥青成分(纯沥青)在布敦岩沥青改性沥青的生产过程中是否溶于基质沥青,通过直接的方法很难实现。根据布敦岩沥青改性沥青中布敦岩沥青颗粒粒径的大小,可以模拟布敦岩沥青改性沥青"湿法"制备过程,利用"溶解特性试验"间接测定布敦岩沥青改性沥青制作过程中布敦岩沥青中的纯沥青是否溶入基质沥青[59]。具体试验方法如下:

(1)制作"空白"样。将基质沥青加热至 155℃,搅拌 30min,保温 30min。

(2)制作布敦岩沥青改性沥青的对比样。先用干筛法得到 0.6mm 以上部分颗粒,再加热基质沥青至 155℃,按选定比例(BRA 质量/基质沥青质量 = 25%)加入 0.6mm 以上的 BRA 颗粒,在 160 ~ 170℃ 条件下搅拌 30min,均匀分散 BRA 颗粒,再用 0.6mm 筛子筛出 BRA 改性沥青中 0.6mm 以上颗粒,置于 160℃ 烘箱内 30min,将通过 0.6mm 筛孔的沥青放置容器收集,如图 2-16 ~ 图 2-18 所示。

(3)将"空白样"基质沥青和 BRA 改性沥青进行三大指标试验,以评价沥青组

图 2-16　水洗过筛烘干后 BRA 颗粒

分组合和胶体结构的变化。具体试验指标为25℃针入度和软化点,见表2-11。

图2-17　0.6mm筛上残留物

图2-18　160～170℃ BRA 掺入基质沥青后搅拌

试验前后沥青指标对比　　　　表2-11

序号	沥青类型	数据类型	针入度 (100g,25℃,5s)	软化点 (℃)
1	比对沥青(空白样)	测定值	49	48
			50	48.3
			49	48
		平均值	**49.3**	**48.1**
2	按25%掺量筛出 BRA后的沥青	测定值	47	49.2
			47	49.2
			48	49
		平均值	**47.3**	**49.1**

《公路沥青路面施工技术规范》(JTG F40—2004)要求,针入度的复现性试验误差应小于8%,软化点的复现性试验误差应小于4℃,针入度和软化点的试验数据均满足这个要求。从表2-11的试验结果可以看出,析出布敦岩沥青颗粒后的沥青流变性能较"空白"样基质沥青差别不大。因此结合前文布敦岩沥青受热后形态变化特性,可以判断,在布敦岩沥青改性沥青的生产过程中("干法"添加或"湿法"添加工艺),布敦岩沥青中的沥青成分(纯沥青)基本不溶于基质沥青,灰分和纯沥青不会分开,整体在改性中起作用,即BRA改性沥青四组分相较添加BRA之前基质沥青的四组分的变化不是因为BRA中沥青成分溶于基质沥青造成的,而是

另有其他原因,这将在后面的章节进行分析。

2.2.5 布敦岩沥青及其改性沥青红外光谱分析

红外光谱(Infrared Spectroscopy,IR)是指有机物的分子吸收红外区光波时,分子中的原子振动能级和转动能级发生跃迁而产生的吸收光谱。任何物质,只要有分子特征,必有其典型的红外吸收光谱。通过分析光谱中吸收峰的位置、强度和目数等参数可以推断出试样中的基团类别,从而使分子结构得以确定[60-61]。

采用 IR 试验方法对有机物结构进行分析,较化学分析方法,其特点为耗时少、快速、准确。IR 试验是对有机物结构进行研究的重要手段,尤其是在官能团鉴定方面。近年来,IR 试验在道路工程领域广泛应用。沥青被红外光照射时,沥青分子中对应化学键或官能团会因吸收不同红外光的频率而产生振动,在光谱上特定的位置呈现出波形图,根据光谱上波峰位置和大小即可检测出分子中化学键和官能团的种类和含量情况[62-65]。

1)评价标准

红外光是一种电磁波,波长区域为 $0.78 \sim 1000 \mu m$[66-70]。通常把红外光谱按照波数范围分为四大峰区,每个峰区对应特定的振动吸收,见表2-12。表2-13 为沥青分子结构分区。

峰 区 划 分　　　　　　　　　　　　表2-12

峰 区 类 型	波数(cm^{-1})	特定振动类型
第一峰区	3700~2500	X-H 的伸缩振动
第二峰区	2500~1900	三键和累积双键的伸缩振动
第三峰区	1900~1500	双键的伸缩振动及 H-O、H-N 的弯曲振动
第四峰区	1500~600	除氢外的单键(Y-X)伸缩振动及各类弯曲振动

按沥青分子结构分区　　　　　　　　　表2-13

峰 区 类 型	主要区段吸收峰位置(cm^{-1})	特定振动类型
饱和烃	1475~700、1375~1380、1400、720	$C-H$、$C-C$、$C-CH_3$、$H-C-H$、$-CH_2-$
芳香烃	3030、1600~1500、1500~1480、1610~1500、1650~1600、1525~1450、2000~1670	$C-H$、$C=C$
羧基化合物	1725、1690、2820、2720、1700~1670、1690~1600、3550、3200~2500、1700~1680、920、1860~1750、1740、1700、1300~1050、1210~1160	$C=O$、$O-H$、$C-O-C$

第2章 布敦岩沥青和布敦岩沥青改性沥青特性

续上表

峰区类型	主要区段吸收峰位置(cm^{-1})	特定振动类型
羟基化合物 （酚及醇）	2700~2500	缔合羧基弱吸收峰
含氮化合物	3050、1690~1650、1640~1600、1400、1680~1655、1550~1530、1300、620	$C-H$、$C-N$、$O=C-N$
含硫化合物	2992~2955、2897~2869、1090、2590~2560、1065~1030、520~430	$S-C$、$ArSH$、$S=O$、$S-S$

2）红外光谱分析

试验采用Tensor 27型傅里叶变换红外光谱仪（德国布鲁克公司Bruker产），如图2-19所示，分析样品为布敦岩沥青、70号基质沥青和BRA改性沥青（掺量0.80∶1）。

用IR分析固态BRA时，要对其进行处理。处理步骤如下：

（1）以5%布敦岩沥青与95%溴化钾的比例加入研钵，充分研磨至混合均匀，此操作须在干燥条件下进行。

（2）将研磨后的混合物放入模具制成薄片，确保薄片完好且均匀。

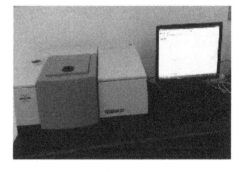

图2-19 红外光谱设备

液态石油沥青及其沥青结合料进行红外光谱分析时，试样预处理过程如下：

（1）将基质沥青、BRA改性沥青（掺量0.80∶1）分别取0.1g，放入带盖试管中，试管中事先放置2mL四氯化碳溶液。

（2）静置不小于2h，使四氯化碳与试样充分混合。

（3）取适量溶解液滴在的溴化钾载玻片上并烘干。

试样制取后分别对布敦岩沥青、70号基质沥青和BRA改性沥青（掺量0.80∶1）进行试验，可得到各种沥青的光谱，如图2-20~图2-23所示。对有机物进行测定，红外光谱图是以波数（或波长）为横坐标，以透射比T（或通过率）为纵坐标，吸收峰的位置由波数表示，吸收强度由T表示。

对图2-20~图2-23进行分析后可得到如下特征官能团，见表2-14~表2-16。

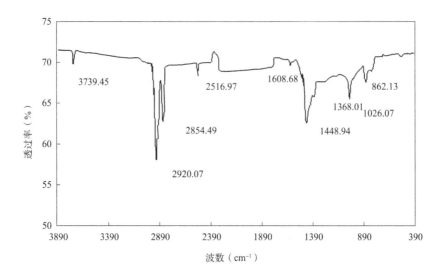

图 2-20　布敦岩沥青红外光谱

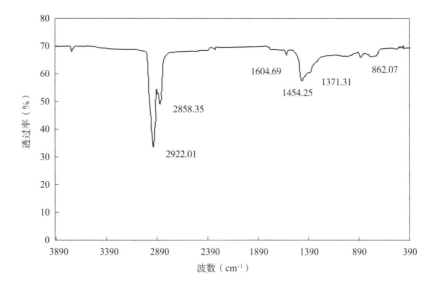

图 2-21　70 号基质沥青红外光谱

第2章 布敦岩沥青和布敦岩沥青改性沥青特性

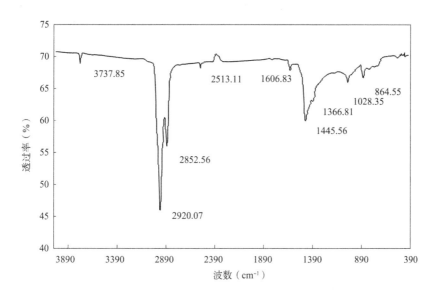

图 2-22 布敦岩沥青改性沥青(掺量 0.80:1)红外光谱

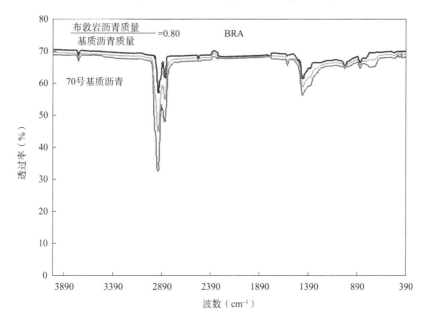

图 2-23 70 号基质沥青、布敦岩沥青、布敦岩沥青改性沥青 $\left(\dfrac{布敦岩沥青质量}{基质沥青质量}=0.80\right)$ 红外光谱

基质沥青红外光谱分析结果　　　　　　　　　　表 2-14

吸收峰位置(cm^{-1})	对应的特征基团
3737.84	无缔合游离-OH 的伸缩振动
2922.01	饱和烃-CH_2上 C-H 不对称伸缩振动
2858.35	饱和烃-CH_2上 C-H 对称伸缩振动
1604.69	双键 C=C 伸缩振动
1454.25、1371.31	C-H 面内弯曲变形振动
862.07	无机碳酸盐中 CO_3^{2-} 中羧基 C-H

布敦岩沥青红外光谱分析结果　　　　　　　　　　表 2-15

吸收峰位置(cm^{-1})	对应的特征基团
3739.45	无缔合游离-OH 伸缩振动
2920.07	饱和烃-CH_2上 C-H 不对称伸缩振动
2854.49	饱和烃-CH_2上 C-H 对称伸缩振动
2516.97	有机胺形成的盐-NH_3^+ 伸缩振动
1608.68	双键 C=C 伸缩振动
1448.94	无机碳酸盐中碳酸根 CO_3^{2-} 的羟基 C=O 伸缩振动
1368.01	C-H 面内弯曲振动
1026.07	二氧化硅中 Si-O 的伸缩振动
862.13	无机碳酸盐中碳酸根 CO_3^{2-} 的羟基 C-H 伸缩振动

布敦岩沥青改性沥青(掺量 0.80∶1)红外光谱分析结果　　表 2-16

吸收峰位置(cm^{-1})	对应的特征基团
3818.65	无缔合游离-OH 伸缩振动
2920.07	饱和烃-CH_2上 C-H 不对称伸缩振动
2865.81	饱和烃-CH_2上 C-H 对称伸缩振动
2513.11	有机胺形成的盐-NH_3^+ 伸缩振动
1606.83	双键 C=C 伸缩振动
1445.56	无机碳酸盐中碳酸根 CO_3^{2-} 的羟基 C=O 伸缩振动
1366.81	C-H 面内弯曲振动
1028.35	二氧化硅中 Si-O 的伸缩振动
864.55	无机碳酸盐中碳酸根 CO_3^{2-} 的羟基 C-H 伸缩振动

通过对图 2-20～图 2-23 和表 2-14～表 2-16 进行分析,可得出如下结论。

(1)布敦岩沥青颗粒主要含不饱和碳链、羧基、氨基和氧化硅等,基质沥青主要含饱和碳链与不饱和碳链。

(2)布敦岩沥青改性沥青(掺量 0.80:1)含有的官能团与基质沥青和布敦岩沥青中的官能团类型相同,且没有超出基质沥青和布敦岩沥青中的官能团类型。根据上述 IR 光谱可以看出,布敦岩沥青改性沥青中官能团的含量是基质沥青与布敦岩沥青中官能团数量的叠加。因此,布敦岩沥青掺入基质沥青后,基质沥青和布敦岩沥青发生的主要是物理混溶的过程,没有发生化学反应产生新的有机物。

2.2.6 布敦岩沥青扫描电镜分析

1)SEM 工作原理

扫描电子显微镜(Scanning Electron Microscope,SEM)发出高能电子束对试样进行扫描,样品上的相关信息被激发,这些信息被接收器接收,再经过专业处理得到试样表面图像,根据图像来分析被扫描的试样[71-72]。

本试验采用 FEI Quanta 200 的扫描电子显微镜(荷兰 FEI 公司产),如图 2-24 所示,用于样品形貌研究、表观元素组成以及成分分析。加速电压为 200V～30kV,放大倍数为 25～200000,最大分辨率约为 3.5nm;高真空为 6×10^{-4} Pa,低真空为 13～133Pa,环境真空为 133～2600Pa,最大样品尺寸为 200mm。

2)试样制作

电子探针要求被检测的样品导电,若试样不导电,必须先进行表面处理。对于不导电的样品,需要预先对其表面进行镀金处理。通常在常温下采用小型离子溅射仪,但由于制作过程中易产生大量热量,对于沥青材料,样品性质会发生一定变化,故需要对镀金制样方法进行改进,称为"控温间断多次镀金法"[74]。具体如下:

(1)将固定好的样品和界面样品台一同放入低温恒温箱中保温,控制在 -10℃ 下保温 1h,取出样品,置入小型离子溅射仪(图 2-25)中抽至真空,快速对样品进行镀金处理(大约 10s)。然后取出样品,置入 -10℃ 恒温箱中保温 15min 左右,再次镀金。重复上述过程,直至样品表面全部镀上金,且镀金层薄而均匀。

(2)将镀金后的样品放入 SEM 中进行表观三维图像扫描和元素的分析试验。

3)BRA 扫描电镜分析

本节分别对 BRA 颗粒、BRA 灰分颗粒和石灰岩矿粉颗粒进行成像扫描和元素分析,以揭示布敦岩沥青的改性机理,BRA 颗粒扫描图像如图 2-26 所示,BRA 灰分颗粒扫描图像如图 2-27 所示,石灰岩矿粉扫描图像如图 2-28 所示。

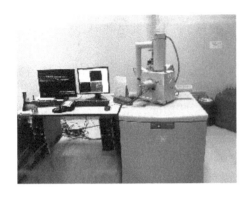

图 2-24　扫描电子显微镜

图 2-25　离子溅射仪

a)200倍（500μm尺度）

b)500倍（200μm尺度）

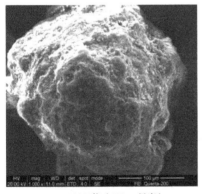

c)1000倍（100μm尺度）

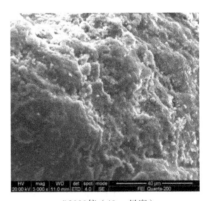

d)3000倍（40μm尺度）

图 2-26　BRA 颗粒扫描图像

第2章 布敦岩沥青和布敦岩沥青改性沥青特性

a)200倍（500μm尺度）

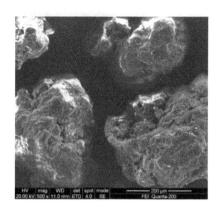

b)500倍（200μm尺度）

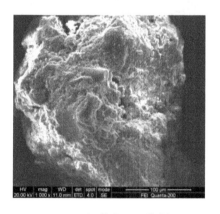

c)1000倍（100μm尺度）

d)3000倍（40μm尺度）

图2-27 BRA灰分颗粒扫描图像

国内外对于BRA的研究多集中在BRA自身的外观形貌，较少涉及BRA灰分的形貌。灰分是布敦岩沥青中重要的矿物组成部分，有必要对其进行系统研究。本书采用煅烧法（BRA高温炉中燃烧2h，温度482℃±5℃）获取BRA灰分，然后用SEM对灰分颗粒进行图像扫描、主要元素和化合物分析。

为了揭示布敦岩沥青中灰分外观形貌特性在改性过程中起到的作用，采用与石灰岩矿粉SEM扫描图像进行对比的方法进行分析。

利用SEM仪器中自带软件对BRA、BRA灰分和石灰岩矿粉进行元素和化合物分析，如图2-29～图2-31和表2-17所示（小于1%即认为不含有此元素）。

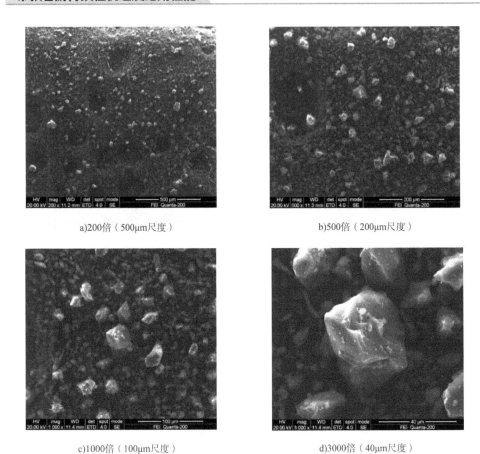

a)200倍（500μm尺度）　　　　　　b)500倍（200μm尺度）

c)1000倍（100μm尺度）　　　　　　d)3000倍（40μm尺度）

图 2-28　石灰岩矿粉扫描图像

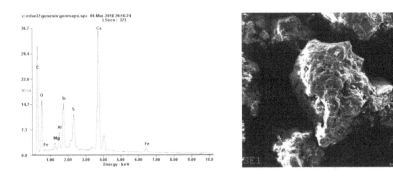

图 2-29　BRA 元素扫描

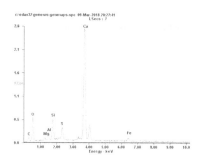 

图 2-30　BRA 灰分元素扫描

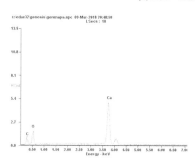 

图 2-31　石灰岩矿粉元素扫描

元素含量汇总　　　　　　　　　　　　　　　　表 2-17

	元素	C	O	Ca	Si	S	Al	Fe	Mg
BRA	质量百分比(%)	51.24	23.23	15.87	3.39	3.04	1.35	1.33	0.57
	物质主要成分	$CaCO_3$、SiO_2、FeS_2、Al_2O_3、Fe_2O_3、MgO							
	元素(%)	C	O	Mg	Si	S	Ca	Fe	Al
BRA 灰分	质量百分比(%)	8.77	33.39	0.81	5.12	3.29	43.16	3.59	1.85
	物质主要成分	$CaCO_3$、SiO_2、MgO、FeS_2							
石灰岩矿粉	元素	C			O			Ca	
	质量百分比(%)	23.92			46.13			29.95	
	物质主要成分	$CaCO_3$							

注:扫描电镜的电子探针只能检测 $_5B \sim _{92}U$ 的元素,所以 H 元素无法被扫描到。

通过对图 2-26 ~ 图 2-31 和表 2-17 综合分析,可知:

(1)布敦岩沥青颗粒表面粗糙,且褶皱较多、凹凸不平,具有较多的内部孔隙和外部孔洞,表面呈蜂窝状,表现为比表面积较大。这导致布敦岩沥青和基质沥青有较多的接触面积,有助于形成较强的吸附能力。根据扫描电镜图像,BRA 颗粒在200倍图即显示出外观形貌呈蓬松蜂窝状;500倍图显示出矿料颗粒有大有小,呈不规则的粒状和块状等;通过3000倍图可以看出BRA纯沥青紧紧包裹在矿物颗粒上。

布敦岩沥青灰分表面具有和布敦岩沥青相似的特性,表现为具有大量的内部孔隙和外部孔洞,表面呈蜂窝状,比布敦岩沥青更加粗糙。

石灰岩矿粉颗粒表面褶皱少,较为光滑,表面呈结晶状,比表面积小,这表明矿粉和沥青之间的接触面积较小,导致形成的吸附能力较弱。

布敦岩沥青粒度大小为 200~300μm,布敦岩沥青灰分的粒度大小与布敦岩沥青颗粒大小相似,而石灰岩矿粉颗粒的粒度大小为 60~70μm,石灰岩矿粉粒径与布敦岩沥青和布敦岩沥青灰分差别较大。

(2)BRA 颗粒表面含有 C、O、Ca、S、Si、Al 和 Fe 等主要元素,化合物为 $CaCO_3$、SiO_2、Al_2O_3 和 Fe_2O_3 等。BRA 灰分含有 O、Ca、C、S、Si、Mg 和 Fe 等主要元素,主要化合物为 $CaCO_3$、SiO_2、FeS_2 和 MgO。石灰岩矿粉含有 Ca、O 和 C 等主要元素,主要化合物为 $CaCO_3$。

根据表 2-17 试验结果,结合 BRA 中灰分和纯沥青的比例可以推断出,BRA 中元素 O、Ca 和其他金属元素主要是由灰分贡献,BRA 中元素 C、S 主要由纯沥青贡献,推测纯沥青中也含有一定数量的金属元素。根据资料,石油沥青主要由 C、H、O、S 和 N 这 5 种元素组成,通常,其中 C 元素含量为 80%~87%,H 元素含量为 10%~15%,O、S 和 N 元素的总含量小于 3%,纯沥青的元素组成和普通石油沥青有较大不同。

布敦岩沥青和布敦岩沥青灰分的元素和化合物较为相似,但石灰岩和矿粉两者相比差别较大。

BRA 中矿物质含有较多的碱性物质($CaCO_3$ 等),这些矿物质具有高碱性活性剂的属性,有助于增强对沥青离子的吸附能力,加之 BRA 和灰分具有较大的比表面积和多孔结构,因此能够大大提高沥青与集料间的黏附能力。

(3)布敦岩沥青和布敦岩沥青灰分中含有一定量的 Mg、Fe 和 Al 等金属活性元素,故相较石灰岩矿粉,布敦岩沥青和布敦岩沥青灰分与基质沥青的黏附性能更好。

(4)综合前面三点来看,BRA 颗粒孔隙非常发达,且孔隙类型兼有表面孔隙和内部孔隙,这些内部孔隙深入矿物质内部,矿物质具有表面粗糙和较高结晶程度的特性,使 BRA 对沥青具有较强的吸附能力。

由 BRA 颗粒表面图像和成分分析可知,BRA 颗粒表面和内部的 C、S 和 O 元素含量较高,且可以观测到黑色的附着物。这表明高黏度的纯沥青分布在 BRA 的表面和内部,形成了稳定的共混体结构。

2.2.7 布敦岩沥青改性沥青的常规指标试验

1)布敦岩沥青改性沥青高温性能试验

软化点是道路沥青的一个基本指标,软化点测试较为简单、方便,我国目前和世界其他国家类似,采用的是最为广泛使用的环球法。评价沥青的高温性能大多数国家均采用软化点的方法。软化点高表示等温黏度高,混合料的高温性能好。

试验过程中,如果沥青蜡含量较高,会导致钢球和试样同时沿着环壁下滑,钢球不是通过软化了的沥青下滑,这样测定结果不甚准确。为了解决这一问题,可用修正的软化点替代实测的软化点(环球法测定),把修正的软化点称为当量软化点,其是根据等温黏度的理论提出来的,其含义是指针入度为800(0.1mm)时的温度。这一指标既可以发挥软化点的功能,又可以克服多蜡沥青的影响[58]。当量软化点计算式如下:

$$T_{800} = \frac{\lg 800 - \lg P_{25}}{A} + 25 \qquad (2\text{-}1)$$

$$\lg P = AT + K \qquad (2\text{-}2)$$

式中,A 为15℃、25℃和30℃三个温度的针入度回归得到的实线的斜率,表示沥青的温度敏感性,范围为 0.015~0.06;K 为回归参数。

不同掺量的布敦岩沥青改性沥青软化点见表2-18,其当量软化点见表2-19,文中布敦岩沥青的掺量是指布敦岩沥青的质量/基质沥青的质量。

沥青软化点 表2-18

序号	沥青类型	数据类型	软化点(℃)
1	基质沥青	测定值	47.4
			47.7
			47.6
		平均值	**47.6**
2	25%掺量的BRA改性沥青	测定值	49.8
			50.1
			49.9
		平均值	**49.9**

续上表

序号	沥青类型	数据类型	软化点(℃)
3	50%掺量的BRA改性沥青	测定值	53.1
			53.3
			53.3
		平均值	**53.2**
4	75%掺量的BRA改性沥青	测定值	56
			56.1
			56
		平均值	**56.0**
5	100%掺量的BRA改性沥青	测定值	58.4
			58.7
			58.6
		平均值	**58.6**

不同掺量的BRA改性沥青当量软化点一览　　表2-19

沥青类型	基质沥青	25%掺量的BRA改性沥青	50%掺量的BRA改性沥青	75%掺量的BRA改性沥青	100%掺量的BRA改性沥青
T_{800}(℃)	46.1	54.7	61.6	64.2	64.5

从表2-18和表2-19可以得出：

（1）随着掺量的增加，BRA改性沥青的软化点和当量软化点均逐渐增高，软化点值越大，表明在相同温度下沥青的黏度越大，沥青抵抗高温变形的能力越强。随着掺量的增加，当量软化点增加的速率逐渐减小。

（2）软化点的实质是等黏温度。在试验条件相同的情况下，影响软化点的因素主要是沥青的组成成分和胶体结构。布敦岩沥青和灰分均有较大的比表面积，且表面粗糙，具有较多的内部孔隙和外部孔隙，布敦岩沥青掺入基质沥青后，改变了沥青的胶体结构，即改变了沥青各组分的比例，轻油分比例降低，其他成分比例升高，且布敦岩沥青掺量越高，油分成分比例降低就越明显，在软化点指标上体现为随着布敦岩沥青掺量的增加，软化点越来越高。

2）布敦岩沥青改性沥青低温性能试验

沥青的延度是指在规定的温度和速度下，对标准试件的两端进行拉伸直到试件断裂时的长度。15℃时得到的延度结果能间接地反映在路面使用温度条件下沥青的黏度和剪切敏感性的关系。近年来，大家一致认为沥青低温延度与低温开裂

第2章 布敦岩沥青和布敦岩沥青改性沥青特性

的性能密切相关。按照流变学时温等效的原则,常温15℃的延度可以反映沥青更低温度时的低温开裂性能[58],对不同布敦岩沥青掺量的BRA改性沥青进行15℃延度测试,试验结果见表2-20。

不同掺量的BRA改性沥青延度一览　　　　　表2-20

序号	沥青类型	数据类型	延度(15℃,cm)	备注
1	基质沥青	测定值	>100	JTG F40—2004要求15℃延度不小于100cm
			>100	
			>100	
		平均值	**>100**	
2	25%掺量的BRA改性沥青	测定值	19.7	
			19.9	
			21.3	
		平均值	**20.3**	
3	50%掺量的BRA改性沥青	测定值	8.4	
			8.8	
			9.1	
		平均值	**8.8**	
4	75%掺量的BRA改性沥青	测定值	4.6	
			4.7	
			5.3	
		平均值	**4.9**	
5	100%掺量的BRA改性沥青	测定值	4	
			4.1	
			4.3	
		平均值	**4.1**	

注:基质沥青15℃延度大于100cm,绘图时按100cm考虑。

从表2-20可以得出:

(1)基质沥青的延度值对布敦岩沥青很敏感,布敦岩沥青一旦掺入基质沥青,延度值急速下降,很少的岩沥青掺量即可使基质沥青的延度值不满足《公路沥青路面施工技术规范》(JTG F40—2004)要求的15℃延度值。

(2)分析其原因,主要是因为布敦岩沥青中含有较多灰分(矿物质),基质沥青掺入布敦岩沥青后,形成沥青胶砂,在延度测试时,会形成应力集中导致脆断,故用延度指标来评价布敦岩沥青改性沥青的低温性能不太合适。后文将采用其他的方法进行评价。

3) 布敦岩沥青改性沥青感温性能试验

沥青路面经受一年四季的考验,作为一种黏-弹性材料,其性能与温度和时间息息相关。将沥青受温度影响产生沥青性质变化的程度定义为沥青的感温性。针入度指数 PI、针入度黏度指数 PVN 及黏温指数 VTS 等是常用的描述沥青感温性的指标,其中针入度指数 PI 是目前最常用的描述感温性的指标[59]。

针入度指数是针入度温度系数 A 的函数,具体表达式为:

$$PI = \frac{20(1-25A)}{1+50A} \qquad (2-3)$$

式中,A 值含义和计算方法同本章高温性能部分。

通过针入度指数可以分析沥青的胶体类型,当 PI 值过小(PI < -2),沥青为溶胶型结构,弹性成分较少,在相同温度条件下黏度较小,低温时呈现明显的脆性。若 PI 值过大(PI > 2),沥青为凝胶型,耐久性不好,低温脆性虽小,但在变形较大或变形速率较低时,抗裂性能变差,易导致温缩裂缝发生。所以,我国规范要求 A 级 70# 基质沥青的针入度指数要求介于 -1.5 ~ +1.0。不同掺量的 BRA 改性沥青不同温度针入度和针入度指数分别见表2-21 和表2-22。

不同掺量的 BRA 改性沥青不同温度针入度一览　　　　表2-21

序号	沥青类型	数据类型	针入度(100g, 25℃,5s)	针入度(100g, 15℃,5s)	针入度(100g, 30℃,5s)
1	基质沥青	测定值	62	20	123
			62	21	125
			61	21	126
		平均值	**61.7**	**20.7**	**124.7**
2	25%掺量的 BRA 改性沥青	测定值	44	19	82
			44	18	80
			44	20	81
		平均值	**44.0**	**19.0**	**81.0**
3	50%掺量的 BRA 改性沥青	测定值	34	15	56
			33	14	55
			33	16	54
		平均值	**33.3**	**15.0**	**55.0**

续上表

序号	沥青类型	数据类型	针入度(100g,25℃,5s)	针入度(100g,15℃,5s)	针入度(100g,30℃,5s)
4	75%掺量的BRA改性沥青	测定值	25	11	41
			26	11	41
			26	11	41
		平均值	**25.7**	**11.0**	**41.0**
5	100%掺量的BRA改性沥青	测定值	23	9	36
			23	10	36
			22	9	36
		平均值	**22.7**	**9.3**	**36.0**

不同掺量的BRA改性沥青针入度指数一览 表2-22

沥青类型	基质沥青	25%掺量的BRA改性沥青	50%掺量的BRA改性沥青	75%掺量的BRA改性沥青	100%掺量的BRA改性沥青
PI	-1.58	-0.20	0.49	0.36	0.15

根据表2-21和表2-22可以得知：

(1)随着布敦岩沥青掺量的增加，针入度值逐渐变小，表明沥青的黏度逐渐增大。

(2)布敦岩沥青掺入基质沥青后，基质沥青的针入度指数PI值变化很明显，表明布敦岩沥青可以极大地改善基质沥青的温度敏感性。在掺量范围内，针入度指数满足-1.5~1.0，属于溶-凝胶型。

(3)针入度的实质为等温黏度，反映沥青的稠度。与软化点类似，影响针入度的因素主要是沥青的组成成分和胶体结构。布敦岩沥青和灰分均有较大的比表面积，且表面粗糙，具有较多的外部孔隙和内部孔隙，布敦岩沥青掺入基质沥青后，改变了沥青的胶体结构，即改变了沥青各组分的比例，油分成分比例降低，沥青稠度增大，且布敦岩沥青掺量越高，油分成分比例降低就越明显，在针入度指标上表现为随着布敦岩沥青掺量的增加，针入度越来越低。

4)布敦岩沥青改性沥青耐久性试验

"老化"是指沥青在环境因素的作用下，发生一系列挥发、聚合、氧化和内部结构变化，其性质也发生变化，路面性能也因此劣化。老化发生在沥青储存、运输、施工及使用环节中，老化是逐渐发生的，是影响沥青路面耐久性的一个主要因素。《公路沥青路面施工技术规范》(JTG F40—2004)要求采用薄膜烘箱老化或者旋转薄膜烘箱老化方式，通过评价残留针入度比和残留延度来评定沥青的短期老化情况。因为岩沥青里面含有较多的灰分（质量比大于70%），故本书通过残留针入度比值来评价布敦岩沥青改性沥青的老化情况，试验结果见表2-23。

不同掺量的BRA改性沥青短期老化前后针入度 表2-23

序号	沥青类型	数据类型	针入度 (100g,25℃,5s)	RTFOT①老化后针入度(100g,25℃,5s)	老化前后针入度比值(%)
1	基质沥青	测定值	62	40	65.4%
			62	40	
			61	41	
		平均值	**61.7**	**40.3**	
2	25%掺量的BRA改性沥青	测定值	44	36	79.5%
			44	34	
			44	35	
		平均值	**44.0**	**35.0**	
3	50%掺量的BRA改性沥青	测定值	34	30	90.0%
			33	30	
			33	30	
		平均值	**33.3**	**30.0**	
4	75%掺量的BRA改性沥青	测定值	25	23	88.3%
			26	22	
			26	23	
		平均值	**25.7**	**22.7**	
5	100%掺量的BRA改性沥青	测定值	23	21	89.7%
			23	20	
			22	20	
		平均值	**22.7**	**20.3**	

注：A级70号基质沥青要求残留针入度比大于或等于61%，聚合物SBS I-D型改性沥青要求大于或等于65%。

①RTFOT是指旋转薄膜烘箱老化。

根据表2-23可知：

（1）随着布敦岩沥青掺量的增加，RTFOT老化后残留针入度比值先增加后减小（残留针入度比值越大，说明老化越轻，耐久性越好），在掺量到达50%时达到峰值，过了峰值后，残留针入度比值随着布敦岩沥青的增加反而减小。这主要是由于布敦岩沥青里面含有矿粉类物质。前期残留针入度比值随着布敦岩沥青掺量的增加而增大,说明布敦岩沥青对基质沥青发挥了改性作用,过了顶点后随着掺加量的增加,残留针入度比值降低,说明随着布敦岩沥青掺加量的增加,布敦岩沥青除起到改性作用外,布敦岩沥青里较大的矿物质颗粒在起作用,形成沥青胶砂,从这个角度可以初步证实布敦岩沥青在基质沥青里面不止起到改性作用。

(2)沥青老化的实质是沥青中的轻油组分减少,沥青质和胶质含量比例增大的过程。因为布敦岩沥青及其灰分比表面积大,具有多孔特性,含有大量的内部孔隙和外部孔隙,以及含有较多活性元素,沥青中的轻油组分被岩沥青及灰分紧紧吸附,在外界作用下,沥青的胶体结构比较稳定,所以耐老化性能比较好。

(3)根据残留针入度比值,适宜的掺量不超过50%,但是由于针入度试验不够精准,虽然50%是顶峰,但是还是满足要求(A级70号基质沥青要求残留针入度比值大于或等于61%,聚合物SBS I-D型改性沥青要求残留针入度比值大于或等于65%)。故下文将从动态剪切流变(Dynamic Shear Rheological, DSR)试验和弯曲梁流变仪(Bending Beam Rheometer, BBR)试验来分析沥青的高低温性能以确定最佳掺量。

5)布敦岩沥青改性沥青布氏旋转黏度试验

沥青的黏性是沥青的一个重要指标,是指在荷载作用下沥青对流动变形的抵抗能力。通常用黏度来表示黏性,黏度也可以反映沥青的温度敏感性,黏度也是与沥青路面施工条件相关的一个重要指标。测定沥青黏度的方法有多种,通常采用Brookfield黏度来评价沥青的黏性。

将布敦岩沥青加入基质沥青,沥青的黏度会发生改变,因此需要评估不同掺量条件下的BRA改性沥青的黏度,以判断其是否满足施工条件。对不同掺量的BRA改性沥青进行布氏旋转黏度试验,结果见表2-24。

不同掺量的BRA改性沥青布氏旋转黏度一览 表2-24

沥青类型	基质沥青	25%掺量的BRA改性沥青	50%掺量的BRA改性沥青	75%掺量的BRA改性沥青	100%掺量的BRA改性沥青	"东海牌"SBS改性沥青
135℃黏度(Pa·s)	0.463	0.482	1.073	1.720	2.261	1.773

由表2-24可以得知:

(1)随着布敦岩沥青掺量的增加,BRA改性沥青的135℃黏度呈增高趋势,BRA对黏度的改善效果显著,但均满足规范《公路沥青路面施工技术规范》(JTG F40—2004)中对聚合物改性沥青黏度的要求(135℃布氏旋转黏度应不大于3.0Pa·s)。故可得知,布敦岩沥青掺入基质沥青在增加了沥青黏性的同时,又能够满足施工的要求。

(2)从本质上讲,黏度是对沥青抵抗剪切变形的表征,黏度可以提高沥青与集料的黏附性。布敦岩沥青和灰分均有较大的比表面积,且表面粗糙,具有较多的外部孔隙和内部孔隙,布敦岩沥青掺入基质沥青后,孔隙会吸附沥青中的油分,改变沥青的胶体结构,即改变沥青各组分的比例,油分成分比例降低,且布敦岩沥青掺量越高,油分成分比例降低就越明显。同时,由于布敦岩沥青和灰分中含有活性金属元素,可以和沥青中的酸性物质产生作用力更强的化学吸附,且掺量越多,化学吸附的作用就更强。在黏度指标的体现上即为掺量越高,黏度越大。

2.2.8 布敦岩沥青改性沥青的 SHRP 试验

高性能沥青 Superior Performing Asphalt Pavements(缩写为 Superpave),代表一个全新的、内容广泛的对沥青混合料进行设计和分析的体系,也是美国公路战略研究计划(SHRP)的重要成果。SHRP 的目的是改进美国道路的性能和耐久性,并提高安全性。Superpave 体系提出了用动态剪切流变试验(DSR)来评价沥青结合料(普通沥青或改性沥青)的动态黏-弹性和高温流变性能,用弯曲梁流变仪试验(BBR)来评价低温条件下沥青结合料的温缩开裂性质[74]。本节通过 DSR 试验和 BBR 试验来评价 BRA 改性沥青的高低温性能。

1) 动态剪切流变试验

DSR 试验用以反映沥青结合料(普通沥青或改性沥青)在中温和高温条件下的动态黏-弹性和高温流变性能,具体是指在试验规定的温度、荷载频率和方法下,测定沥青的复数剪切模量 G^* 和相位角 δ。复数剪切模量 G^* 表示沥青结合料受重复剪切时抵抗变形的能力,包括可恢复的弹性部分和不可恢复的黏性部分;相位角 δ 表示沥青结合料弹性部分和黏性部分的相对大小,值越小,沥青结合料中弹性部分所占的比例越大,即变形恢复能力增强;$G^*/\sin\delta$ 定义为车辙因子,其值越大,表示沥青结合料高温时的流动变形越小,即高温性能越好,抗车辙能力越强。本书采用 DSR 试验的方法来评定 BRA 改性沥青的高温性能。

试验方法为:先将沥青夹在一个固定盘与能左右振荡的板中间,仪器从 A 点逐渐移动到 B 点,接着又从 B 点慢慢返回到 C 点,最后经过 C 点重新回到 A 点,形成周期运转[75],如图 2-32 所示。振荡频率是指单位时间振荡板走过圆周的距离,即弧度,SHRP 规定试验频率为 10rad/s。应力、应变波形如图 2-33 所示。试验温度不同时,采用不同尺寸的振荡板和沥青膜厚度,见表 2-25。

第2章 布敦岩沥青和布敦岩沥青改性沥青特性

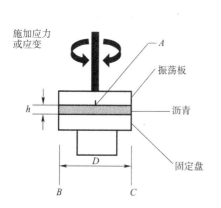

图 2-32 DSR 运行示意图

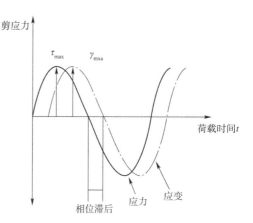

图 2-33 相位角示意图

不同温度下采用振荡板类型 表 2-25

试验温度(℃)	振荡板直径 D(mm)	沥青膜厚度 h(mm)
>52℃(高温)	25	1
7~34℃(中温)	8	2

Superpave 体系中沥青或沥青结合料的判断标准见表 2-26。

沥青及其结合料评价标准 表 2-26

试样类型	临界值(kPa)	评价标准
原样沥青或沥青结合料	$G^*/\sin\delta \geq 1.0$	$G^*/\sin\delta$ 值越大,抗永久变形能力越好

本试验采用 MCR301 型高级旋转流变仪(德国 Anton paar 公司产),如图 2-34 所示,对基质沥青、BRA 改性沥青(多种掺量)和 SBS 改性沥青的高温流变性能进行全面分析,扫描温度为 58~82℃,温度梯度为 6℃,试验结果见表 2-27。

通过对表 2-27 和图 2-35 的分析可知:

(1)布敦岩沥青加入基质沥青,车辙因子得到明显提高,改善了基质沥青的高温性能。随着温度的升高,所有沥青胶浆的车辙因子均呈下降趋势,最终趋近于零。在同一温度下,车辙因子随着布敦岩沥青掺加量的增加而提高,平衡温度亦是如此。

图 2-34 DSR 试验流变仪

不同沥青车辙因子数据   表2-27

沥青类型	温度 T (℃)	复数剪切模量 G^* (kPa)	相位角 δ (°)	车辙因子 $G^*/\sin\delta$ (kPa)	$G^*/\sin\delta=1$ 时温度 (℃)
"东海牌"70号基质沥青	58	4.10	86.1	4.11	68.8
	64	1.83	87.4	1.83	
	70	0.86	88.2	0.86	
	76	0.42	88.7	0.42	
	82	0.22	88.7	0.22	
BRA改性沥青（掺量0.40:1）	58	10.34	85.1	10.38	75.9
	64	4.55	86.6	4.56	
	70	2.07	87.8	2.07	
	76	0.98	88.7	0.98	
	82	0.50	89.2	0.50	
BRA改性沥青（掺量0.60:1）	58	15.94	84.0	16.02	80.2
	64	7.05	85.6	7.07	
	70	3.25	86.8	3.25	
	76	1.59	87.6	1.59	
	82	0.82	88.0	0.82	
BRA改性沥青（掺量0.80:1）	58	22.30	83.9	22.42	83.3
	64	10.02	85.6	10.05	
	70	4.60	87.0	4.61	
	76	2.21	88.1	2.21	
	82	1.12	88.7	1.12	
BRA改性沥青（掺量1.00:1）	58	34.75	83.2	35.00	86.7
	64	14.92	85.1	14.97	
	70	6.74	86.7	6.76	
	76	3.22	87.8	3.22	
	82	1.63	88.5	1.63	
SBS改性沥青（"东海牌"）	58	14.26	61.4	16.25	84.6
	64	6.04	62.3	6.82	
	70	3.52	63.7	3.93	
	76	2.13	65.4	2.34	
	82	1.31	67.0	1.42	

注：掺量是指布敦岩沥青质量/基质沥青质量。

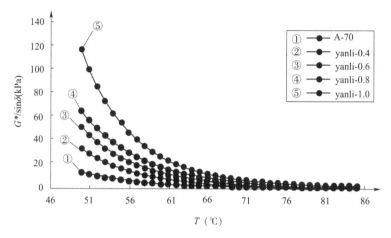

图 2-35 布敦岩沥青改性沥青车辙因子 $G^*/\sin\delta$ 随温度变化趋势

注：A-70 是指 70 号基质沥青，yanli 是指布敦岩沥青。

（2）布敦岩沥青的掺量为 0.6 时，沥青胶浆车辙因子接近 SBS 改性沥青，表明布敦岩沥青能大幅度提高基质沥青的高温性能；当掺量大于 0.6 时，沥青胶浆的高温性能已逐步大于 SBS 改性沥青，即从高温性能来看，对于试验采用的基质沥青和 SBS 改性沥青，掺量为 0.6 的布敦岩沥青改性沥青的高温性能和 SBS 改性沥青相当。

（3）上述结果和布敦岩沥青自身的物理、化学特性是分不开的，布敦岩沥青比表面积大，表面粗糙，具有较多内部孔隙和外部孔隙，且含有特定的金属活性元素。这些特性导致布敦岩沥青和基质沥青接触时，对基质沥青中某些特定成分具有较强的吸附作用，这些吸附作用既有物理吸附，也有化学吸附。吸附作用导致沥青黏性增大，增强了沥青抵抗变形的能力，故提高了沥青的高温性能，且掺量越大，沥青的黏性也随之增大，沥青的高温性能越好。

2）低温弯曲梁流变试验

沥青混凝土路面的使用条件除了上文提到的高温，低温是一种北方常见的温度区间，故北方地区沥青路面需兼顾高温和低温性能。低温导致沥青路面开裂，雨水会顺着裂缝渗入基层，极易造成路面基层冲刷及土基软化，随后路面承载力下降，引发道路破坏。沥青结合料的低温拉伸与沥青混凝土路面的低温性能关系密切，故可以通过研究沥青结合料的低温性能来研究沥青路面的低温开裂问题。

在 SHRP 计划中，BBR 试验用来确定低温条件下沥青结合料的温缩开裂特性，主要通过测量蠕变劲度 $S(t)$ 和劲度变化速率 m 两个参数来实现。蠕变劲度 $S(t)$

表示沥青在低温条件下抵抗恒载的能力,m 表示加载后沥青蠕变劲度变化的速率[76]。低温条件下,沥青结合料的蠕变劲度 $S(t)$ 和 m 值对温缩开裂有着重要的影响。蠕变劲度 $S(t)$ 变大时,沥青路面中温缩产生的温度应力也变大,温缩开裂的可能性增大,$S(t)$ 越小,沥青的低温性能越好;m 值减小,表示应力松弛速度降低,即沥青路面通过流体缓解温度应力的性能下降,同样提高了沥青路面开裂的可能性,m 值越大越有利。

本书对 70 号基质沥青、BRA 改性沥青(多种掺量)和 SBS 改性沥青进行低温性能对比分析。采用 TE-BBR 仪器(美国 CANNON 公司产)进行弯曲梁流变试验。试验仪器如图 2-36 所示,按照《公路工程沥青及沥青混合料试验规程》(JTG E20—2011)T0627—2011 进行试验,具体试验标准见表 2-28。

图 2-36　BBR 弯曲梁流变仪示意

沥青弯曲蠕变劲度评价标准　　　　　　　　表 2-28

评价参数	评价标准
蠕变劲度 S	沥青抵抗永久变形能力,$S \leqslant 300$MPa
m 值	荷载作用下蠕变劲度随时间的变化规律,$m \geqslant 0.3$

试验试件的制作如下:将沥青浇入 127mm×12.70mm×6.35mm(长×宽×高)的矩形铝制模具中,制作沥青小梁试件,浇筑沥青试件过程中,将沥青从模具一端向另一端往返浇筑至略高出模具表面,待冷却后,将专用刀片加热后刮去高出模具沥青部分。将图 2-37 中的试件脱模,取制作好的沥青小梁放入乙醇浴槽中恒温 2h。恒温后将沥青小梁放入弯曲梁流变仪中试验台上,手动施加 35mN 荷载并预载 3～4s,然后通过计算机试验软件对试件施加 980mN 试验荷载,维持 240s,记录试验后小梁挠度,绘制挠度与时间关系曲线,计算出蠕变劲度 $S(t)$ 和劲度变化速率 m

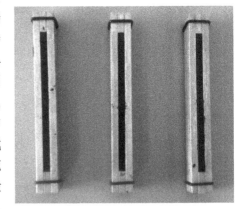

图 2-37　浇筑沥青的小梁模具

值。采用经典的量分析理论,计算出沥青结合料梁60s荷载时间的蠕变劲度$S(t)$,计算公式如下:

$$S(t) = \frac{PL^3}{4bh^3\delta(t)} \tag{2-4}$$

式中,$S(t)$当$t=60s$时,试件的蠕变劲度;P为施加的恒定荷载,100g;L为梁支点之间距离,102mm;b为小梁的宽度,12.5mm;h为小梁的高度,6.25mm;$\delta(t)$为实时挠度,$t=60s$。

对基质沥青、BRA改性沥青(不同掺量)和SBS改性沥青进行弯曲梁流变试验(经过短期老化和压力老化后),试验温度分别为$-6℃$、$-12℃$和$-18℃$,每试验一次计算60s蠕变劲度一次,测试数据见表2-29。

BRA改性沥青的BBR试验数据 表2-29

沥青类型	温度					
	$-6℃$		$-12℃$		$-18℃$	
	S(MPa)	m值	S(MPa)	m值	S(MPa)	m值
70号基质沥青	69.3	0.482	159	0.376	358	0.294
BRA改性沥青(0.40:1)	172	0.373	418	0.285	—	—
BRA改性沥青(0.60:1)	237	0.322	504	0.291	—	—
BRA改性沥青(0.80:1)	311	0.296	657	0.264	—	—
BRA改性沥青(1.0:1)	425	0.268	879	0.255	—	—
SBS改性沥青	52.3	0.467	141	0.476	286	0.357

注:掺量是指布敦岩沥青质量/基质沥青质量,表中基质沥青、布敦岩沥青改性沥青和SBS改性沥青和前文所用原材料一致。

由表2-29中的相关试验数据,可得70号基质沥青、BRA改性沥青(不同掺量)和SBS改性沥青的低温性能如下:

(1)对于70号基质沥青、BRA改性沥青(不同掺量)和SBS改性沥青,在低温环境下,随着温度的降低,蠕变劲度S增大,劲度变化速率m减小,说明对于这三种类型沥青,随着温度的降低,低温性能呈降低趋势。

(2)对于BRA改性沥青,随着掺量的增加,低温性能呈下降趋势。在$-6℃$,掺量0.8基本上是低温性能的临界点,表明从低温性能考虑,BRA掺量不宜大于0.8。在更低的温度,较低掺量也将导致沥青不满足低温性能要求。

(3)在 -12℃和 -6℃,蠕变劲度 S 的排序为 SBS 改性沥青 < 70 号基质沥青 < BRA 改性沥青(各掺量),劲度变化速率 m 的排序为 SBS 改性沥青 > 70 号基质沥青 > BRA 改性沥青(各掺量)。这表明低温性能最好的是 SBS 改性沥青,次之是 70 号基质沥青,最差的是 BRA 改性沥青。这一现象说明 SBS 改性沥青兼具优异的高温性能和低温性能,BRA 改性沥青的低温性能不及 70 号基质沥青。

(4)分析原因,BRA 改性沥青低温性能下降的主要原因是布敦岩沥青中灰分含量较大,灰分主要为天然矿物质,造成 BRA 改性沥青的硬度相对较大,易发生脆性破坏。这表明,仅从沥青的角度评价 BRA 改性沥青的低温性能不太全面,仍需从混合料的低温性能来综合评价 BRA 改性沥青的低温性能。

2.3 本章小结

(1)对布敦岩沥青、布敦岩沥青中灰分和纯沥青的特性进行了分析,可知:

布敦岩沥青级配基本相当于《公路沥青路面施工技术规范》(JTG F40—2004)中 0 ~ 3.0mm 集料,比其偏细,BRA 颗粒比表面积是石灰岩矿粉的 1.8 倍,灰分比表面积是石灰岩矿粉的 12 倍。BRA 灰分的级配比 0 ~ 3.0mm 集料细得多,同时又比矿粉的级配粗得多。BRA 中纯沥青针入度很小,相当于 10 号基质沥青,软化点高,组分与普通沥青差别很大,饱和分与芳香分含量较低,沥青质含量较高,属于凝胶型结构。

(2)通过分析 BRA 改性沥青的流变特性,可知:

①随着布敦岩沥青掺量的增加,BRA 改性沥青的软化点和当量软化点均逐渐增高。

②布敦岩沥青掺入基质沥青后,延度值急速下降,主要是因为布敦岩沥青中含有较多灰分(矿物质成分),基质沥青掺入布敦岩沥青后,形成沥青胶砂,在延度测试时,会形成应力集中导致脆断。

③随着布敦岩沥青掺量的增加,BRA 改性沥青针入度值逐渐变小,属于溶-凝胶型,且随着掺量的增加,温度敏感性减弱。

④随着布敦岩沥青掺量的增加,RTFOT 老化后残留针入度比值先增加后减小,在岩沥青掺量达到 50% 时达到峰值。这表明随着掺量的增加,布敦岩沥青中较大的矿物质颗粒在起作用,形成了沥青胶砂,布敦岩沥青在基质沥青里面不止起到改性作用。

⑤随着布敦岩沥青掺量的增加,BRA 改性沥青 135℃ 黏度呈增高的趋势,BRA 对黏度的改善效果显著,但均满足施工要求。

(3)动态剪切流变(DSR)试验结果表明:

①布敦岩沥青加入基质沥青,可以显著改善基质沥青的高温性能。同一温度下,车辙因子随布敦岩沥青掺量的增加而提高,平衡温度亦是如此。

②布敦岩沥青掺量为0.6时,沥青胶浆车辙因子接近SBS改性沥青;当大于掺量0.6时,沥青胶浆的高温性能已逐步大于SBS改性沥青。

(4)低温弯曲梁流变(BBR)试验结果表明:

①在低温环境下,对于70号基质沥青、BRA改性沥青(不同掺量)和SBS改性沥青,随着温度的降低,蠕变劲度S增大,劲度变化速率m减小。这表明对于三种类型沥青,随着温度的降低,低温性能呈降低趋势。

②对于BRA改性沥青,随着掺量的增加,低温性能呈下降趋势,掺量0.8基本上是低温性能的临界点。这表明从低温性能考虑,BRA掺量不宜大于0.8。

③在-12℃和-6℃,从蠕变劲度角度,低温性能最好的是SBS改性沥青,次之是70号基质沥青,最差的是BRA改性沥青(各掺量)。

(5)综合常规流变试验和SHRP试验,推荐布敦岩沥青的掺量为0.6~0.8(掺量是指布敦岩沥青质量与基质沥青质量的比值)。

(6)加热试验结果表明:布敦岩沥青在受热过程中,从0℃到580℃,全过程无纯沥青熔化和析出现象。

(7)溶解特性试验结果表明:在BRA改性沥青的生产过程中,BRA中沥青成分(纯沥青)基本不溶于基质沥青,灰分和纯沥青不会分开,整体在改性中起作用。

(8)红外光谱试验结果表明:布敦岩沥青改性沥青含有与基质沥青和布敦岩沥青中相同的官能团,官能团的种类没变,布敦岩沥青改性沥青中官能团的含量是基质沥青与布敦岩沥青中官能团含量的叠加。故改性过程主要是物理混溶,基本没有生成新的有机物。

(9)扫描电镜试验结果表明:

①布敦岩沥青颗粒表面粗糙,褶皱较多、凹凸不平,具有较多的孔隙和孔洞,比表面积较大。布敦岩沥青灰分具有与布敦岩沥青相似的特性,具有大量的孔隙和孔洞,呈蜂窝状,表面比布敦岩沥青粗糙。布敦岩沥青颗粒和灰分兼有表面孔隙和内部孔隙。石灰岩矿粉颗粒表面褶皱少、较为光滑,表面呈结晶状,比表面积较小。

②布敦岩沥青粒度为200~300μm,布敦岩沥青灰分的粒度与布敦岩沥青颗粒相似,石灰岩矿粉颗粒的粒度为20~30μm。

③布敦岩沥青颗粒主要元素为C、O、Ca、Si、S、Al、Fe等,主要化合物为$CaCO_3$、SiO_2、Al_2O_3和Fe_2O_3等。布敦岩沥青灰分主要元素为O、Ca、C、Si、S、Mg和Fe等,主

要化合物为 $CaCO_3$、SiO_2、FeS_2 和 MgO。石灰岩矿粉主要元素为 Ca、O、C,主要化合物为 $CaCO_3$。

④BRA 中矿物质含有较多的碱性物质($CaCO_3$ 等),这些物质具有高碱性活性剂的属性,有助于增强对沥青离子的吸附能力,同时还能大大提高沥青与集料间的黏附能力。布敦岩沥青和布敦岩沥青灰分中含有一定量的 Mg、Fe、Al 等活性元素,故相较石灰岩矿粉,布敦岩沥青和布敦岩沥青灰分与基质沥青的黏附性能更好。

第3章 布敦岩沥青各成分对沥青的改性作用及布敦岩沥青改性机理

布敦岩沥青的主要成分为灰分和纯沥青,灰分占岩沥青总质量的71%左右,纯沥青占岩沥青总质量的29%左右,布敦岩沥青自身和灰分均具有较大的比表面积、较小的粒径和多孔结构,使得布敦岩沥青颗粒和灰分对沥青有着较强的吸附作用,从而起到对基质沥青的改性作用。同时,四组分分析显示纯沥青中的沥青质含量明显高于普通沥青,对普通沥青加入布敦岩沥青后形成的BRA改性沥青进行四组分分析,新沥青中的沥青质含量较基质沥青也有提高,其他研究成果表明,纯沥青是提高沥青胶浆高温性能的主要因素[34]。可知,布敦岩沥青中的灰分和纯沥青均对基质沥青起到了改性作用,但是由于灰分和纯沥青的物理、化学特性不同,它们对基质沥青的改性作用不尽相同。因此,本章将定量分析布敦岩沥青中各成分对基质沥青的改性作用,结合第2章内容对布敦岩沥青改性机理进行揭示。

3.1 沥青胶浆作用概述

众所周知,沥青混合料是由粗集料、细集料、填料和沥青形成的多级空间网状结构的分散系[76]。近代胶浆理论认为沥青混合料是以粗集料为分散相而分散在沥青砂浆介质中的一种粗分散系,它是具有三级空间网状结构的分散系;同样,沥青砂浆是以细集料为分散相而分散在沥青胶浆介质中的一种细分散系;而沥青胶浆又是以填料为分散相分散在高稠度沥青介质中的一种微分散系。沥青胶浆是这三级分散系中的重要部分,在沥青混合料中起吸附、黏结作用的是沥青胶浆,而不是纯沥青,沥青胶浆将粗、细集料黏结在一起形成一定强度和抗变形能力的沥青混合料[77]。

大量的研究证实,沥青胶浆的性能是沥青混合料低温抗裂性、疲劳耐久性和黏附性等性能的决定性因素[78],所以沥青胶浆的组成与性能在很大程度上影响混合料的性能,通过对沥青胶浆的性能进行研究可以间接研究混合料的性能。

3.2 布敦岩沥青中灰分和纯沥青改性作用分析

3.2.1 研究思路及试验设计

通常来讲,研究布敦岩沥青中各成分的改性作用,宜采用直接法,即分别将灰分和纯沥青从布敦岩沥青中分离出来,将其分别和基质沥青进行掺配,通过分析分别掺配后的改性沥青的性能,定量分析各成分的改性作用。但由于从 BRA 中获取纯沥青非常复杂,且在提取过程中会改变纯沥青的成分和性能,因很难准确地获取原样的、较纯的纯沥青,那么通过将纯沥青掺配到基质沥青中形成纯沥青改性沥青再研究其性能这条路基本上走不通。但布敦岩沥青中的灰分能够较为方便地被提取出来,且由于其自身特性的原因,提取出来的灰分的性质并无改变。因此,本书另辟蹊径,采取间接的方法,即通过比较"基质沥青+布敦岩沥青"(BRA 改性沥青)和"基质沥青+灰分"(BRA-A 改性沥青)的各项性能,间接研究布敦岩沥青中灰分和纯沥青对沥青胶浆性能的影响。根据前文所述,布敦岩沥青改性沥青主要的性能特点是高温性能显著,因此主要通过间接分析 BRA 改性沥青和 BRA-A 改性沥青的高温性能来进行研究分析。

将灰分从布敦岩沥青中提取出来,通过外部掺加灰分的方式,研究在温度条件相同、灰分掺量相同的条件下,BRA-A 改性沥青胶浆和 BRA 改性沥青复合胶浆之间高温性能的差异,间接地分析灰分和纯沥青各自对基质沥青的改性作用[79]。

试验采用的基质沥青为岳阳中石化长岭分公司生产的"东海牌"70 号基质沥青(表3-1),矿粉为怀化市芷江公坪田野碎石场石灰岩磨制的矿粉(表3-2),岩沥青为湖南布敦岩环保科技发展有限公司提供的布敦岩沥青。

"东海牌"70 号基质沥青试验结果　　　　表3-1

试验项目	单 位	技术要求	检测结果
针入度(25℃,100g,5s)	0.1mm	60~80	64
延度(5cm/min,15℃)	cm	≥100	>100
延度(5cm/min,10℃)	cm	≥15	32
软化点(环球法)	℃	≥46	48
密度(15℃)	g/cm^3	实测记录	1.034
检测结论		合格	

第3章 布敦岩沥青各成分对沥青的改性作用及布敦岩沥青改性机理

石灰岩矿粉试验结果 表3-2

指　　标		技术要求	检测结果
表观相对密度(g/cm^3)		≥2.5	2.714
含水率(%)		≤1	0.14
下列粒径通过率（%）	0.6mm	100	100
	0.15mm	90~100	99.3
	0.075mm	75~100	86.1
加热安定性		实测	颜色、体积均无明显变化
检测结论		合格	

分别制备粉胶比为0、0.4、0.6、0.8和1.0的布敦岩沥青胶浆（BRA胶浆）和布敦岩沥青灰分胶浆（BRA-A胶浆），对每一种胶浆进行DSR试验，通过分析车辙因子的变化来定量分析布敦岩沥青中纯沥青和灰分的改性作用（制作胶浆前均需将灰分和BRA预先过0.15mm的筛子）。

3.2.2 纯沥青和灰分的改性作用

利用DSR对上述各种胶浆进行车辙因子试验，试验方法和第2章相同，扫描温度为52~82℃，温度间隔为6℃，将车辙因子记录于表3-3和图3-1。车辙因子值越大，表明沥青结合料高温时的流动变形越小，即高温性能越好，抗车辙能力越强。

BRA胶浆和BRA-A胶浆车辙因子试验结果汇总 表3-3

温度(℃)	70号基质沥青	BRA-A/0.4	BRA-A/0.6	BRA-A/0.8	BRA-A/1.0	备注
52	9.572	19.854	28.590	35.471	49.748	
58	4.109	8.634	12.362	15.328	21.251	
64	1.836	3.909	5.612	7.040	9.658	
70	0.859	1.843	2.655	3.359	4.578	
76	0.424	0.925	1.330	1.693	2.293	
82	0.223	0.491	0.701	0.901	1.211	
温度(℃)	70号基质沥青	BRA/0.4	BRA/0.6	BRA/0.8	BRA/1.0	备注
52	9.572	24.773	38.107	50.029	86.100	
58	4.109	10.379	16.023	22.424	34.996	

续上表

温度(℃)	70号基质沥青	BRA/0.4	BRA/0.6	BRA/0.8	BRA/1.0	备注
64	1.836	4.555	7.068	10.045	14.971	
70	0.859	2.070	3.253	4.605	6.756	
76	0.424	0.984	1.586	2.208	3.225	
82	0.223	0.503	0.818	1.118	1.630	

注：BRA-A/0.4 是指灰分质量/基质沥青质量为0.4的布敦岩沥青灰分胶浆，BRA/0.4 是指 BRA 质量/基质沥青质量为0.4的布敦岩沥青胶浆，其余类同。

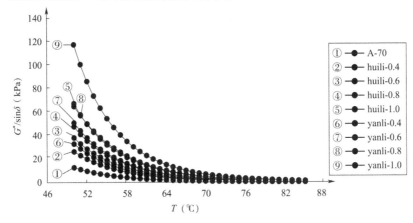

图 3-1　BRA 胶浆和 BRA-A 胶浆车辙因子

注：huili 是指布敦岩沥青灰分胶浆，yanli 是指布敦岩沥青胶浆。

由表 3-3 中数据可以看出，车辙因子随着灰分和 BRA 掺量的增加均呈增加趋势，但 BRA 增加的趋势显著。也可以得出，同一温度下，同一类型胶浆，自变量为粉胶比，因变量为车辙因子自然对数的线性回归方程，见表 3-4。

粉胶比和车辙因子对数回归方程汇总　　　表 3-4

胶浆类型	扫描温度(℃)	回归方程	相关系数
布敦岩沥青灰分胶浆	52	$y = 1.4857x + 2.4143$	$R^2 = 0.9913$
	58	$y = 1.4586x + 1.5931$	$R^2 = 0.9918$
	64	$y = 1.4701x + 0.7978$	$R^2 = 0.9930$
	70	$y = 1.4824x + 0.0425$	$R^2 = 0.9935$
	76	$y = 1.4824x - 0.6468$	$R^2 = 0.9942$
	82	$y = 1.4796x - 1.2806$	$R^2 = 0.9954$

续上表

胶浆类型	扫描温度(℃)	回归方程	相关系数
布敦岩沥青复合胶浆	52	$y = 2.0047x + 2.4013$	$R^2 = 0.9849$
	58	$y = 1.9912x + 1.5509$	$R^2 = 0.9973$
	64	$y = 1.9606x + 0.7488$	$R^2 = 0.9983$
	70	$y = 1.9481x - 0.0275$	$R^2 = 0.9972$
	76	$y = 1.946x - 0.7602$	$R^2 = 0.9943$
	82	$y = 1.9198x - 1.4159$	$R^2 = 0.9922$

注：x 是指粉胶比，y 是指车辙因子的自然对数。

根据岩沥青中灰分的含量，计算出对应某种岩沥青掺量时的灰分的折合掺量，见表3-5，再根据岩沥青灰分胶浆车辙因子的回归公式可以计算出对应折合灰分掺量时的灰分胶浆车辙因子，见表3-6。

不同岩沥青掺量和对应折合灰分掺量一览 表3-5

序号	岩沥青掺量	折合灰分掺量	备注
1	0.4	0.284	折合灰分掺量根据岩沥青中灰分的含量计算得出
2	0.6	0.427	
3	0.8	0.569	
4	1.0	0.711	

对应折合灰分掺量时的灰分胶浆车辙因子一览 表3-6

胶浆类型	扫描温度(℃)	对应的折合灰分掺量时的灰分胶浆车辙因子			
		折合灰分掺量 0.284	折合灰分掺量 0.427	折合灰分掺量 0.569	折合灰分掺量 0.711
布敦岩沥青灰分胶浆计算值	52	17.062	21.075	26.033	32.157
	58	7.448	9.165	11.277	13.876
	64	3.373	4.158	5.124	6.316
	70	1.591	1.964	2.425	2.994
	76	0.798	0.986	1.217	1.503
	82	0.423	0.522	0.645	0.796

比较同一灰分掺量复合胶浆的车辙因子和单一灰分胶浆的车辙因子可以发

现,虽然灰分含量相同、基质沥青用量相同,但是车辙因子差异较大。分析其原因,主要是因为复合胶浆中既有灰分,也有纯沥青,将同样灰分含量的复合胶浆的车辙因子和单一灰分胶浆的车辙因子相除,便可得到布敦岩沥青中纯沥青对车辙因子的贡献,比值见表3-7。

相同灰分含量时复合胶浆车辙因子与灰分胶浆车辙因子的比值　　表3-7

扫描温度（℃）	复合胶浆车辙因子与灰分胶浆车辙因子的比值			
	折合灰分掺量 0.284	折合灰分掺量 0.427	折合灰分掺量 0.569	折合灰分掺量 0.711
52	1.452	1.808	1.922	2.677
58	1.394	1.748	1.988	2.522
64	1.350	1.700	1.960	2.370
70	1.301	1.656	1.899	2.257
76	1.233	1.609	1.814	2.146
82	1.188	1.566	1.734	2.049
平均值	**1.320**	**1.681**	**1.886**	**2.337**

根据表3-7可以看出:

在布敦岩沥青的改性过程中,灰分掺量相同时,纯沥青含量为0.116(折合灰分掺量0.284),复合沥青胶浆相较灰分沥青胶浆,能将车辙因子提高32.0%;纯沥青含量为0.173(折合灰分掺量0.427),复合沥青胶浆相较灰分沥青胶浆,能将车辙因子提高68.1%;纯沥青含量为0.231(折合灰分掺量0.569),复合沥青胶浆相较灰分沥青胶浆,能将车辙因子提高88.6%;纯沥青含量为0.289(折合灰分掺量0.711),复合沥青胶浆相较灰分沥青胶浆,能将车辙因子提高133.7%。可见,和灰分一样,随着掺量的增加,纯沥青对基质沥青车辙因子的改善效果逐步增加,纯沥青和灰分在布敦岩沥青对基质沥青改性中均起着重要作用。

3.2.3　纯沥青和灰分的改性作用影响权重分析

在灰分掺量相同时,布敦岩沥青复合胶浆和灰分胶浆的性能数据记录见表3-8。

分别将表3-8中布敦岩沥青复合胶浆和灰分胶浆的车辙因子减去掺量0时的基质沥青胶浆的车辙因子,再将前者的差值减去后者的差值,得到纯沥青的车辙因子,见表3-9。

第3章 布敦岩沥青各成分对沥青的改性作用及布敦岩沥青改性机理

布敦岩沥青改性沥青胶浆、灰分沥青胶浆在灰分掺量相同时的车辙因子汇总

表 3-8

胶浆类型	扫描温度（℃）	车辙因子 灰分掺量（灰分质量/基质沥青）				
		0	0.284	0.427	0.569	0.711
布敦岩沥青复合胶浆（实测值）	52	9.572	24.773	38.107	50.029	86.100
	58	4.109	10.379	16.023	22.424	34.996
	64	1.836	4.555	7.068	10.045	14.971
	70	0.859	2.070	3.253	4.605	6.756
	76	0.424	0.984	1.586	2.208	3.225
	82	0.223	0.503	0.818	1.118	1.630
布敦岩沥青灰分胶浆（计算值）	52	9.572	17.062	21.075	26.033	32.157
	58	4.109	7.448	9.165	11.277	13.876
	64	1.836	3.373	4.158	5.124	6.316
	70	0.859	1.591	1.964	2.425	2.994
	76	0.424	0.798	0.986	1.217	1.503
	82	0.223	0.423	0.522	0.645	0.796

布敦岩沥青改性沥青、灰分沥青胶浆车辙因子计算

表 3-9

胶浆车辙因子差值类型	扫描温度（℃）	灰分掺量（灰分质量/基质沥青质量）				
		0	0.284	0.427	0.569	0.711
布敦岩沥青复合胶浆相较灰分0掺量基质沥青胶浆车辙因子的差值	52	—	15.201	28.535	40.457	76.528
	58	—	6.270	11.914	18.315	30.887
	64	—	2.719	5.232	8.209	13.135
	70	—	1.211	2.394	3.746	5.897
	76	—	0.560	1.162	1.784	2.801
	82	—	0.280	0.595	0.895	1.407
布敦岩沥青灰分胶浆相较掺量0基质沥青车辙因子的差值	52	—	7.490	11.500	16.460	22.590
	58	—	3.340	5.060	7.170	9.770
	64	—	1.540	2.320	3.290	4.480
	70	—	0.730	1.100	1.570	2.130
	76	—	0.370	0.560	0.790	1.080
	82	—	0.200	0.300	0.420	0.570

续上表

胶浆车辙因子 差值类型	扫描温度 (℃)	灰分掺量(灰分质量/基质沥青质量)				
		0	0.284	0.427	0.569	0.711
布敦岩沥青纯沥青胶浆 相较掺量0基质沥青车辙 因子的差值	52	—	7.710	17.030	24.00	53.940
	58	—	2.930	6.860	11.150	21.120
	64	—	1.180	2.910	4.920	8.660
	70	—	0.480	1.290	2.180	3.760
	76	—	0.190	0.600	0.990	1.720
	82	—	0.080	0.300	0.470	0.830

根据表3-9可以求得,在布敦岩沥青复合胶浆中灰分和纯沥青各自对基质沥青改性作用的百分比,见表3-10。

灰分和纯沥青各自对改性作用的贡献   表3-10

车辙因子提高的 贡献率类型	扫描温度 (℃)	灰分掺量(灰分质量/基质沥青质量)				
		0	0.284	0.427	0.569	0.711
灰分对车辙因子提高的 贡献率	52	—	49.27%	40.31%	40.69%	29.51%
	58	—	53.25%	42.43%	39.14%	31.62%
	64	—	56.54%	44.37%	40.06%	34.11%
	70	—	60.41%	46.15%	41.80%	36.20%
	76	—	66.85%	48.34%	44.45%	38.51%
	82	—	71.52%	50.31%	47.11%	40.70%
	均值	—	**59.64%**	**45.32%**	**42.21%**	**35.11%**
纯沥青对车辙因子提高 的贡献率	52	—	50.73%	59.69%	59.31%	70.49%
	58	—	46.75%	57.57%	60.86%	68.38%
	64	—	43.46%	55.63%	59.94%	65.89%
	70	—	39.59%	53.85%	58.20%	63.80%
	76	—	33.15%	51.66%	55.55%	61.49%
	82	—	28.48%	49.69%	52.89%	59.30%
	均值	—	**40.36%**	**54.68%**	**57.79%**	**64.89%**

根据表3-10和布敦岩沥青、灰分和纯沥青的特性,以及布敦岩沥青的改性机理,可知:

(1)在同一掺量下,随着温度的升高,灰分在改性作用中的权重增加,纯沥青在改性作用中权重降低。分析其原因,温度升高后,纯沥青的形态会发生一定的变化,即纯沥青多孔形态发生了变化,导致比表面积减小,所以随着温度的增高,纯沥青在改性作用中的权重在降低。这个结果也再次证明了在改性过程中纯沥青基本不溶于基质沥青,从另外一个角度再次阐述了布敦岩沥青的改性机理。

(2)在同一温度下,随着 BRA 用量的增加,从对车辙因子贡献的角度分析,灰分逐步减小,纯沥青逐步增加。具体地,BRA 掺量(BRA 质量/基质沥青质量)40%时,灰分的贡献率为 59.64%,纯沥青的贡献率为 40.36%;BRA 掺量 60% 时,灰分的贡献率为 45.32%,纯沥青的贡献率为 54.68%;BRA 掺量 80% 时,灰分的贡献率为 42.21%,纯沥青的贡献率为 57.79%;BRA 掺量 100% 时,灰分的贡献率为 35.11%,纯沥青的贡献率为 64.89%。

(3)对第(2)点进行分析可知,在同一温度下,随着 BRA 掺量的增加,灰分和纯沥青都能导致沥青胶浆车辙因子提高,但是纯沥青因素导致车辙因子增加比灰分因素导致车辙因子提高更快,所以才体现为灰分的贡献率下降,纯沥青的贡献率提高。这表明纯沥青掺量增加对车辙因子的提高更敏感,这与纯沥青的特性以及纯沥青中含有活性金属元素是息息相关的。

3.3 布敦岩沥青改性机理研究

通过上述章节对 BRA 和 BRA 改性沥青的特性分析,以及对布敦岩沥青受热后的形态变化和溶解特性试验分析,我们得知 BRA 在 BRA 改性沥青及 BRA 改性沥青混合料中既起到填料的作用,也起到改性的作用,BRA 为物理改性剂。BRA 的改性方式和特点必然也影响 BRA 改性沥青混合料的配合比设计,这与 BRA 自身的特点也是息息相关的。

根据复合材料学[80],BRA 改性沥青胶浆是由 BRA 颗粒与基质沥青组成的两相复合材料,BRA 颗粒为增强体,沥青为基体。相互作用发生在接触面位置,在接触面上 BRA 颗粒和沥青之间发生的作用称为界面作用。界面作用包括 BRA 颗粒与沥青间的润湿现象、吸附作用和界面化学反应等。

3.3.1 BRA 颗粒与沥青表面的润湿现象

沥青胶浆的性能与沥青能否很好地润湿填料表面紧密相关,沥青能够很好地润湿填料表面表明沥青与填料表面黏结牢固。根据前面章节可知,沥青与石灰岩矿粉之间界面较为清晰,沥青在石灰岩矿粉表面的铺展不完全;与之对应,BRA 颗粒和沥青之间的界面非常模糊,沥青对 BRA 颗粒完全裹覆,BRA 颗粒完全混入沥青中,表明沥青对 BRA 颗粒的润湿很好,这主要是由 BRA 颗粒的自身多孔特性所决定的。

沥青在填料表面的润湿效果与填料表面的粗糙程度正相关,这一结论可以根据 Yong-Dupre 方程推断[81]得到。根据前面章节的 BRA 颗粒、灰分颗粒和石灰岩矿粉颗粒的电镜扫描图片,可以明显看出石灰岩矿粉的表面光滑密实,几乎没有褶皱和突起,微空隙很少;但 BRA 颗粒表面突起和褶皱较多,非常粗糙,突起之间形成了很多间隔空隙,BRA 中的灰分这一特征更加明显。这一特性决定了沥青对 BRA 颗粒的浸润和裹覆。相较石灰岩矿粉,沥青对 BRA 颗粒的裹覆效果更加充分,达到了更好的润湿效果。

3.3.2 BRA 颗粒与沥青界面的吸附作用

从相互作用的角度来看,任何一对原子(或分子)间均有相互吸引作用。针对 BRA 颗粒和沥青,BRA 颗粒具有固体表面分子的属性,沥青具有液体表面分子的属性。吸附现象是指通过液体表面分子和固体表面分子的相互作用,液体分子将束缚于固体表面或者使被束缚分子与液体体内的分子形成某种动态平衡。

根据物理化学等学科,吸附过程是矿料与沥青间的复杂作用的一种重要表现形式。沥青各组分和矿料表面接触时受力不均,导致存在过剩吉布斯能。同时,在矿料表面积固定的前提下,表面接触的分子会趋于达到平衡,这些分子可以自发吸引其他物质使自身吉布斯能得以降低。因此,BRA 颗粒和沥青存在较为复杂的吸附过程,主要包括物理吸附过程——沥青被 BRA 颗粒表面吸附,化学吸附过程——沥青和 BRA 颗粒接触界面的吸附,选择性吸附——沥青组分对 BRA 颗粒的选择性扩散作用。

1)物理吸附

沥青与矿料之间由于分子力(即范德华力)的存在而发生的吸附称为物理吸附。它在矿料与沥青之间普遍存在,吸附程度取决于各相接触面的表面性质。

沥青分子和 BRA 分子之间的相互极化发生在两者相互接近时,在感生电偶极矩的作用下会发生吸引,由于范德华力的作用,沥青饱和分子被吸附在 BRA 分子表面,产生物理定向层,同时由于分子力的作用,沥青分子和 BRA 颗粒中的阴离子也发生相互作用。

上述过程即为物理吸附,处于被吸附状态的沥青没有发生化学变化,且吸附过程快、作用力较弱,在一定条件下,处于吸附状态的沥青分子易发生脱落,此时界面性质亦未改变,故此物理吸附为可逆过程。

2)化学吸附

物理吸附只是很小一部分,BRA 颗粒与沥青分子之间还发生重要的化学吸附作用(非化学反应)。胶质和沥青质属于沥青中具有极性或表面活性的物质,它们与 BRA 颗粒之间会发生化学吸附。

化学吸附是化学键之间的吸引,吸引力取决于吸引物质之间的化学成分与微观晶体结构。化学吸附作用力远大于范德华力(物理吸附),故化学吸附需要较高的吸附热,且在较高的环境中也不易脱附。BRA 颗粒和沥青之间发生的化学吸附主要体现在以下两个方面。

(1)从第 2 章的元素分析可知,BRA 颗粒及灰分中含有 Al、Fe 和 Mg 等过渡性元素,这些元素的价电子依次填充在次外层的 d 轨道上。d 轨道电子能够全部或部分参与成键,同时这些元素离子因半径小,故极化力较大,在外电场的作用下有利于配位络合物的形成,且配位络合物较为稳定[82]。因此,将含有过渡性金属元素的 BRA 颗粒与沥青共混后,沥青中的极性官能团会与过渡性金属阳离子发生反应,形成配位络合物[83]。

在这一过程中,胶质、沥青质中的氧、硫等杂原子与含有过渡性金属元素 Al、Fe 和 Mg 等的阳离子形成反应形成配位键,从而改善沥青的性质,增强沥青和集料的黏附性。

(2)BRA 颗粒及其灰分属于碱性矿料,沥青中的酸性物质(如沥青酸、沥青酸酐)和碱性矿料表面的金属阳离子同样会因化学吸附而形成新的化合物。化学吸附不可逆,吸附作用要远强于物理吸附。BRA 颗粒与沥青发生黏结形成不溶于水的化合物,故 BRA 表面形成的沥青膜抗剥离能力较强,掺加 BRA 后形成混合料具有较好的抗水损能力。

3)选择性吸附

一相物质的某一组分在扩散作用下会沿着另一相的微孔渗入其内部,这一过程即为选择性吸附。填料会对沥青中不同组分产生选择性吸附,具体为沥青或其某特性组分能够渗入有多孔特性矿物材料的深处。这种作用既取决于表面性能和吸附物的结构(孔隙大小及结构),也取决于沥青的特性(沥青活性、基团组成)。

因矿物颗粒表面存在微小孔隙,矿物颗粒和沥青的相互作用条件发生了改变,即存在极大吸附势能,可以吸附沥青大部分表面活性成分。BRA 颗粒较大的比表面积和粗糙表面构造增强了接触界面上的表面能,表面能越大表明颗粒表面吸附沥青结合料的能力越强。沥青中的成分各自特性不同,油分的特点为分子量较低、分子链较柔顺、溶解度较大,胶质的特点为分子量较大,沥青质的特点为极性较强。当 BRA 颗粒加入沥青与沥青相互作用时,油分会沿毛细管渗入 BRA 颗粒孔隙孔深处,渗入油分的数量和 BRA 颗粒表面的粗糙度与孔隙率呈正相关关系;BRA 颗粒表面的间隙孔隙会吸附胶质,BRA 颗粒表面则吸附沥青质。在 BRA 与沥青的拌和过程即开始发生界面间的选择性吸附。

选择性吸附能够改变 BRA 外层的沥青性质,使其油分减少、沥青质增加,沥青变稠,沥青黏度增加,使混合料强度得到提高。这也是 BRA 改性沥青较基质沥青四组分发生变化的重要原因。

吸附的可能性和单位强度取决于填料的物理化学特性,吸附的数量取决于填料表面的物理性质,如粒度、表面构造、比表面积和及孔隙结构等。

综上所述,BRA 颗粒与沥青接触界面的吸附作用及吸附数量要高于石灰岩矿粉。具体原因如下:

(1)从物理性质角度来分析,BRA 颗粒较矿粉具有比表面积大、表面粗糙、孔隙结构发达的特性,故吸附数量要高于矿粉。

(2)根据 BRA 颗粒特性研究结果,BRA 颗粒的过渡性元素组成及较高的含量有利于其与沥青发生化学吸附。化学吸附是种很强的吸附作用,因此 BRA 颗粒的吸附强度高于石灰岩矿粉。

(3)矿粉的孔隙少,表面光滑、致密,因此对于矿粉,选择性吸附过程就缺失必要条件。所以矿粉的选择性吸附没有 BRA 显著。

(4)根据选择性吸附机理和对 BRA 改性沥青四组分、基质沥青四组分的分析,BRA 掺入基质沥青后,改变了沥青各组分的比例。强极性的沥青质比例增加,非极性的油分比例减少,沥青胶体颗粒间相互吸引、聚合、交联,沥青胶体类型从不稳定的溶胶结构向稳定的凝胶结构转换,形成了溶-凝胶结构;BRA 改性沥青在改性过程中没有产生新的吸收峰,且峰位也没有出现较大的位移。由此可见,当 BRA 掺入基质沥青后,并没有产生新的官能团,也就是说 BRA 与基质沥青之间没有发生化学反应,布敦岩沥青的加入只是一个简单的物理混溶的过程。

总之,沥青与 BRA 颗粒的界面吸附较石灰岩矿粉显著,沥青与 BRA 颗粒的界面作用较石灰岩矿粉强得多。

3.3.3 BRA 颗粒表面与沥青组分的化学反应

化学反应也是发生 BRA 颗粒与沥青的界面间的重要作用之一。化学反应理论认为,集料表面与沥青发生的化学反应是沥青与集料之间的交互作用的主要来源。化学反应产生的牢固化学键,可以大大增强沥青与 BRA 颗粒间的界面作用。

1)酸碱反应

BRA 中的矿物成分属于高碱性的活性剂[84]。沥青胶质和沥青质中存在大量

第3章 布敦岩沥青各成分对沥青的改性作用及布敦岩沥青改性机理

酸性的极性成分,如沥青酸和沥青酸酐等。沥青酸活性较高,属于高分子羧基酸,极性部分为羧基($COOH^-$)。羧基酸中的H^-会与碱性矿物成分中的高价金属阳离子(如Ca^{2+}、Mg^{2+}、Al^{3+})发生置换,生成高价沥青酸盐,其不溶于水,但溶于高分子碳氢化合物和油分。因此,BRA颗粒表面能够与沥青较好地黏结。这也是BRA改性沥青混合料具有良好高温稳定性和水稳定性的原因。

2)硫与沥青的交联反应

根据电镜扫描结果可知,BRA中除了具有高活性的过渡金属元素外,还有一定数量硫(S)元素。S在特性温度和时间下能够分解为硫自由基。硫自由基氧化性高、化学活性较强,在与沥青的融合构成中,硫自由基能够夺取沥青大分子链上的H原子,从而对沥青的性能进行改善。改善机理主要体现在以下两个方面。

(1)硫与沥青之间的反应会改变沥青的分子链,将沥青从二维结构变成三维网状结构,沥青结构更加稳定。由于三维结构对沥青分子链间的相对滑移进行了约束,沥青黏度得以提高,在性能上表现为高温抗流动能力增强。

(2)沥青和硫之间的反应改变了沥青的胶体结构,沥青重均分子量与数均分子量都得以增大[85-86]。这表明轻质沥青组分(芳香分、树脂分等)向分子量较高的稠环芳烃(沥青质)转移,沥青各组分比例发生变化,沥青胶体结构由溶胶型向溶-凝胶型转变,沥青的抗变形能力得到了改善。

根据前文红外光谱的分析结果,掺入布敦岩沥青后,基质沥青和布敦岩沥青之间主要发生物理混溶,没有发生化学反应产生新的有机物;但是会发生一定的反应形成一些高价沥青酸盐,其不溶于水,但溶于高分子碳氢化合物和油分,因此可以增强BRA和沥青的黏结。

综上所述,接触面上发生的化学反应加强了BRA与沥青间的界面作用,沥青黏度增大,提高了高温抗变形能力,抗水损害的能力也得到了提高。

3.3.4 界面作用对沥青性能改善效果的定量分析

根据前面分析可知,布敦岩沥青及其灰分主要具有以下特性。

(1)BRA中灰分质量比约为71%,纯沥青成分约为29%,在改性过程中,灰分和纯沥青整体参与改性作用,基本没有分开。

(2)布敦岩沥青改性沥青含有的官能团与基质沥青和布敦岩沥青中的官能团类型相同,且没有超出基质沥青和布敦岩沥青中的官能团类型。根据红外扫描光谱可知,布敦岩沥青改性沥青中官能团的含量是基质沥青与布敦岩沥青中官能团数量的叠加。因此,布敦岩沥青掺入基质沥青后,基质沥青和布敦岩沥青发生的主要是物理混溶的过程,没有发生化学反应产生新的有机物。

(3)BRA 颗粒表面粗糙,褶皱较多、凹凸不平,具有较多的内外孔隙和孔洞,呈蜂窝状,比表面积较大。BRA 灰分表面具有和布敦岩沥青相似的特性,表现为具有大量的孔隙和孔洞,呈蜂窝状,表面比布敦岩沥青粗糙。布敦岩沥青粒度为 200~300μm,布敦岩沥青灰分的粒度与布敦岩沥青颗粒相似。

(4)布敦岩沥青颗粒表面含有 C、O、S、Ca、Si、Al 和 Fe 等主要元素,主要化合物为 $CaCO_3$、SiO_2、Al_2O_3 和 Fe_2O_3。布敦岩沥青灰分中含为 O、Ca、C、Si、S、Mg 和 Fe 等主要元素,主要化合物为 $CaCO_3$、SiO_2、FeS_2 和 MgO。布敦岩沥青和布敦岩沥青灰分的元素和化合物较为相似。

BRA 中矿物质含有较多的碱性物质($CaCO_3$ 等),这些矿物质具有高碱性活性剂的属性。布敦岩沥青和布敦岩沥青灰分中含有的 Mg、Fe 和 Al 等金属活性元素,有助于提高布敦岩沥青和布敦岩沥青灰分与基质沥青的黏附性能。

结合 BRA 的物理、化学特性及 BRA 改性沥青的性能分析可知,BRA 掺入基质沥青后,BRA 和基质沥青之间发生的界面作用主要是化学吸附、选择性吸附和化学反应;这三种作用在布敦岩沥青改性沥青性能的体现主要是高温性能和黏度的改善。

界面作用也导致沥青膜结构发生了变化,这也是沥青混合料性能得到提升的重要原因。BRA 及其灰分比表面积大,具有较多的外部孔隙和内部孔隙,这些特性会导致沥青膜中结构沥青数量增多,且结构沥青的黏度增大。

选取 SHRP 试验中的车辙因子指标,考虑沥青路面工作温度和车辙因子失效温度,以 58℃、64℃ 和 70℃ 三个温度时 BRA 改性沥青与基质沥青车辙因子的比值的平均值,作为 BRA 对基质沥青高温性能改善的量值,见表 3-11 和图 3-2;BRA 灰分对基质沥青高温性能改善效果见表 3-12 和图 3-3,黏度的改善选取布氏黏度指标,改善结果见表 3-13 和图 3-4。

BRA 对车辙因子改善效果一览　　　　　表 3-11

沥青类型	温度 T (℃)	BRA 改性沥青与基质沥青车辙因子的比值	58℃、64℃ 和 70℃ 比值的平均值	备　注
掺量 0.4 的 BRA 改性沥青	58	2.53	2.47	
	64	2.49		
	70	2.41		
	76	2.33	—	
	82	2.27	—	

第3章 布敦岩沥青各成分对沥青的改性作用及布敦岩沥青改性机理

续上表

沥青类型	温度 T（℃）	BRA 改性沥青与基质沥青车辙因子的比值	58℃、64℃和70℃比值的平均值	备 注
掺量0.6的BRA改性沥青	58	3.90	3.85	
	64	3.86		
	70	3.78		
	76	3.79	—	
	82	3.73	—	
掺量0.8的BRA改性沥青	58	5.45	5.44	
	64	5.49		
	70	5.36		
	76	5.26	—	
	82	5.09	—	
掺量1.0的BRA改性沥青	58	8.52	8.19	
	64	8.18		
	70	7.86	—	
	76	7.67	—	
	82	7.41	—	

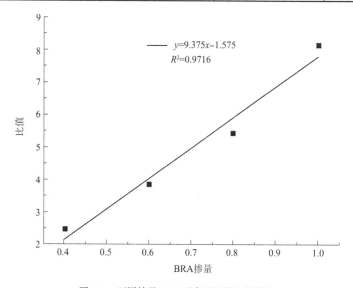

图 3-2 不同掺量 BRA 对高温性能改善效果

从表 3-11 和图 3-2 可知,布敦岩沥青对基质沥青高温性能改善非常明显。掺量 0.4 可以提高 147%,掺量 0.6 可以提高 285%,掺量 0.8 可以提高 444%,掺量 1.0 可以提高 719%,且布敦岩沥青的掺量和高温性能改善效果具有较好的线性相关性。

BRA 灰分对车辙因子改善效果一览 表 3-12

沥青类型	温度 T (℃)	灰分改性沥青与基质沥青车辙因子的比值	58℃、64℃ 和 70℃ 比值的平均值	备 注
掺量 0.4 的灰分改性沥青	58	2.10	2.13	
	64	2.13		
	70	2.15		
	76	2.18	—	
	82	2.20	—	
掺量 0.6 的灰分改性沥青	58	3.01	3.05	
	64	3.06		
	70	3.09		
	76	3.14	—	
	82	3.14	—	
掺量 0.8 的灰分改性沥青	58	3.73	3.83	
	64	3.83		
	70	3.91		
	76	3.99	—	
	82	4.04	—	
掺量 1.0 的灰分改性沥青	58	5.17	5.25	
	64	5.26		
	70	5.33		
	76	5.41	—	
	82	5.43	—	

第3章 布敦岩沥青各成分对沥青的改性作用及布敦岩沥青改性机理

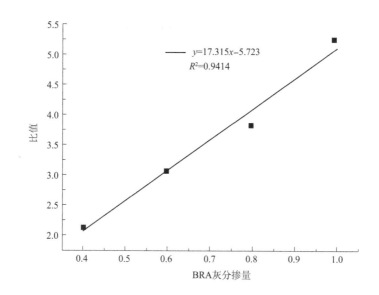

图 3-3 不同掺量 BRA 灰分对高温性能改善效果

从表 3-12 和图 3-3 可知,布敦岩灰分对基质沥青高温性能改善非常明显。掺量 0.4 可以提高 113%,掺量 0.6 可以提高 205%,掺量 0.8 可以提高 283%,掺量 1.0 可以提高 425%,且布敦岩沥青灰分的掺量和高温性能改善效果具有较好的线性相关性。

BRA 对布氏黏度改善效果一览　　　　　表 3-13

沥青类型	BRA 改性沥青与基质沥青布氏黏度比值	备注
掺量 0.25 的 BRA 改性沥青	1.041	
掺量 0.50 的 BRA 改性沥青	2.317	
掺量 0.75 的 BRA 改性沥青	3.715	
掺量 1.0 的 BRA 改性沥青	4.883	

从表 3-13 和图 3-4 可知,布敦岩沥青对基质沥青黏度的改善较为明显。掺量 0.25 可以提高 4.1%,掺量 0.50 可以提高 131.7%,掺量 0.75 可以提高 271.5%,掺量 1.0 可以提高 388.3%,且布敦岩沥青的掺量和黏度改善效果具有较好的线性相关性。

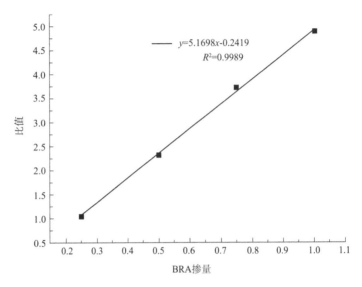

图 3-4　不同掺量 BRA 对布氏黏度改善效果

3.4　本章小结

本章通过对不同掺量的布敦岩沥青灰分胶浆、布敦岩沥青改性沥青胶浆的高温性能进行分析,得出以下结论。

(1)随着布敦岩沥青掺量的增加,纯沥青和灰分对基质沥青高温性能的改善效果均在逐渐增加,灰分和纯沥青在布敦岩沥青对基质沥青的改性中均起着重要作用。

(2)对灰分和纯沥青在布敦岩沥青改性作用中的权重进行了定量分析,可知：

①在同一布敦岩沥青掺量下,随着温度的升高,灰分在车辙因子中的权重逐步增加,纯沥青在车辙因子中的权重逐步降低。主要原因是温度升高导致纯沥青的多孔形态发生变化,比表面积减小。这个结果再次证明,在改性过程中纯沥青基本不溶于基质沥青,从另外一个角度阐述了布敦岩沥青的改性机理。

②在同一温度下,随着布敦岩沥青掺量的增加,灰分对车辙因子的贡献逐步减小,纯沥青对车辙因子的贡献逐步增加。主要原因是在同一温度下,随着 BRA 掺量的增加,灰分和纯沥青虽都能提高沥青胶浆车辙因子,但由于纯沥青对沥青胶浆车辙因子的提高速率较灰分更快,所以才体现为灰分的贡献率下降,纯沥青的贡献率提高。这表明纯沥青掺量增加对车辙因子的提高更敏感。

第3章　布敦岩沥青各成分对沥青的改性作用及布敦岩沥青改性机理

(3) 揭示了布敦岩沥青的改性机理:布敦岩沥青在改性过程中既起到填料的作用,也起到改性的作用。布敦岩沥青为物理改性剂,这种改性方式必然也影响 BRA 改性沥青混合料的配合比设计,这与 BRA 自身的特点是息息相关的。在改性过程中,灰分和纯沥青共同起到改性作用。BRA 颗粒与沥青之间的作用方式是界面作用,包括 BRA 颗粒与沥青间的润湿现象、吸附作用和界面化学反应等。界面作用极大地提升了沥青的高温性能和黏度。

(4) 定量分析结果表明:布敦岩沥青、布敦岩沥青灰分能显著提升基质沥青的车辙因子和布氏黏度,掺量 0.6~0.8(推荐最佳掺量范围)可以提升约 3 倍。

第4章 布敦岩沥青灰分沥青胶浆性能

前面章节已经对 BRA 改性沥青进行了多方位的研究分析,对 BRA 的改性机理进行了研究。通过上述的分析发现,布敦岩沥青属于物理改性剂,布敦岩沥青中的纯沥青和灰分在改性过程中均发挥着重要作用,且在某些条件下灰分起的作用更大。目前国内外对布敦岩沥青的研究大部分集中在布敦岩沥青改性沥青和布敦岩沥青改性沥青胶浆方面,对布敦岩沥青灰分胶浆的研究较少,且不系统。因此,本章拟另辟蹊径,从灰分胶浆的高温、低温和老化性能入手,研究灰分在布敦岩沥青改性过程中的作用。

4.1 布敦岩沥青灰分沥青胶浆的制取

本试验使用的灰分为印尼布敦岩沥青高温燃烧后的剩余物,灰分含量为 71.10%。为了更好地研究多孔、粗糙、比表面积大的布敦岩沥青灰分对基质沥青的改性作用,对第 3 章的布敦岩沥青改性机理探究进行验证,本章将分别对布敦岩沥青灰分/基质沥青 = 0.4,布敦岩沥青灰分/基质沥青 = 0.6,布敦岩沥青灰分/基质沥青 = 0.8 和布敦岩沥青灰分/基质沥青 = 1.0 四种掺量布敦岩沥青灰分胶浆进行分析。同时与表面光滑、比表面积小的石灰岩矿粉进行对比分析,进一步论证多孔结构对基质沥青的改性作用,矿粉胶浆的含量分别为:矿粉/基质沥青 = 0.4,矿粉/基质沥青 = 0.6,矿粉/基质沥青 = 0.8 和矿粉/基质沥青 = 1.0(上述比值均为质量比)。胶浆的制作方法参照布敦岩沥青改性沥青的制作方法。

4.2 布敦岩沥青灰分沥青胶浆的温度扫描分析

沥青是一种典型的黏-弹性材料,蠕变劲度、相位角等对温度有很强的敏感性。通过温度扫描试验可以科学地研究沥青胶浆在不同温度下连续的流变状态。本节对不同含量的 BRA 灰分胶浆进行温度扫描分析,研究 BRA 灰分在基质沥青改性中的作用,同时引入矿粉胶浆作为对比组。温度扫描采用动态剪切流变试验仪进行,扫描角速度为 10rad/s,温度范围为 52~82℃。BRA 灰分胶浆和石灰岩矿粉胶浆的温度扫描的试验结果见表 4-1 和图 4-1。

第4章 布敦岩沥青灰分沥青胶浆性能

灰分胶浆和矿粉胶浆车辙因子试验结果汇总　　　　表 4-1

胶浆类型	扫描温度 $T(℃)$	车辙因子 $G^*/\sin\delta$ (Pa)	复数剪切模量 G^* (Pa)	相位角 $\delta(°)$
70号基质沥青胶浆	52	9572.3	9528.2	84.49
	58	4109.1	4099.7	86.12
	64	1835.7	1833.8	87.36
	70	858.8	858.4	88.24
	76	424.2	424.1	88.66
	82	222.9	222.9	88.71
粉胶比0.4的BRA灰分胶浆	52	19854.0	19743.0	83.92
	58	8634.0	8606.9	85.47
	64	3909.3	3902.3	86.56
	70	1843.2	1841.1	87.25
	76	924.5	923.7	87.49
	82	490.7	490.2	87.42
粉胶比0.6的BRA灰分胶浆	52	28590.0	28442.0	84.16
	58	12362.0	12328.0	85.79
	64	5612.0	5604.4	87.02
	70	2655.1	2653.3	87.89
	76	1329.8	1329.2	88.40
	82	700.5	700.3	88.55
粉胶比0.8的BRA灰分胶浆	52	35471.0	35292.0	84.23
	58	15328.0	15286.0	85.80
	64	7040.2	7029.9	86.91
	70	3359.3	3356.6	87.68
	76	1692.6	1691.6	88.06
	82	901.0	900.4	87.95
粉胶比1.0的BRA灰分胶浆	52	49748.0	49490.0	84.16
	58	21251.0	21195	85.84
	64	9657.6	9645.3	87.11
	70	4578.4	4575.7	88.01
	76	2292.5	2291.7	88.52
	82	1210.7	1210.3	88.59

续上表

胶浆类型	扫描温度 T(℃)	车辙因子 $G^*/\sin\delta$ (Pa)	复数剪切模量 G^* (Pa)	相位角 δ(°)
粉胶比0.4的石灰岩矿粉胶浆	52	15349.0	15246.0	83.38
	58	6757.1	6727.3	84.62
	64	3099.5	3089.6	85.43
	70	1493.1	1488.8	85.61
	76	768.6	765.8	85.13
	82	422.0	419.53	83.85
粉胶比0.6的石灰岩矿粉胶浆	52	19011.0	18916.0	84.29
	58	8224.9	8204.3	85.94
	64	3719.3	3715.0	87.23
	70	1740.7	1739.8	88.20
	76	861.9	861.7	88.79
	82	449.9	449.9	89.15
粉胶比0.8的石灰岩矿粉胶浆	52	22369.0	22251.0	84.13
	58	9678.5	9652.2	85.77
	64	4393.7	4387.6	87.00
	70	2067.5	2066.0	87.86
	76	1023.3	1022.8	88.25
	82	536.2	535.9	88.22
粉胶比1.0的石灰岩矿粉胶浆	52	25363.0	25233.0	84.20
	58	11055.0	11024.0	85.72
	64	5030.7	5023.3	86.90
	70	2371.6	2369.5	87.60
	76	1176.4	1175.5	87.79
	82	620.6	620.0	87.48

第4章 布敦岩沥青灰分沥青胶浆性能

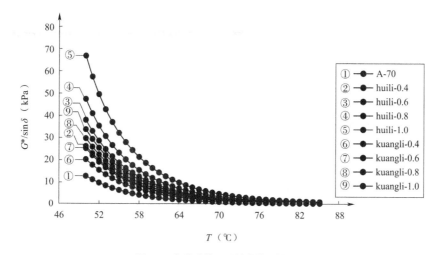

图 4-1 灰分胶浆和矿粉胶浆车辙因子

注：kuangli 是指矿粉胶浆，huili 是指灰分胶浆。

由表 4-1 和图 4-1 可知：

（1）石灰岩矿粉和布敦岩沥青灰分掺入基质沥青中，均提高了基质沥青的车辙因子，提高了基质沥青的高温性能。

（2）掺量不变情况下，纯基质沥青、矿粉胶浆、布敦岩沥青灰分胶浆的车辙因子均随着温度的升高而降低。这说明随着温度的升高，三种沥青胶浆的高温性能均呈下降的趋势。到达一定温度后，车辙因子变化比较小，最终趋近零。

（3）在同等温度下，布敦岩沥青灰分胶浆和石灰岩矿粉的车辙因子均随着矿粉和灰分掺量的增加而变大。这表明掺量越大，沥青胶浆的高温性能越好。

（4）同等掺量下和相同温度下，布敦岩沥青灰分胶浆的车辙因子比矿粉胶浆要高，可以得出布敦岩沥青灰分对基质沥青高温性能的改善效果优于石灰岩矿粉。

（5）在相同温度条件下，车辙因子的大小关系为：基质沥青＜掺量 0.4 的矿粉胶浆＜掺量 0.6 的矿粉胶浆＜掺量 0.4 的灰分胶浆＜掺量 0.8 的矿粉胶浆＜掺量 1.0 的矿粉胶浆＜掺量 0.6 的灰分胶浆＜掺量 0.8 的灰分胶浆＜掺量 1.0 的灰分胶浆。这表明矿粉掺量的增加可以部分抵消矿粉和灰分改性作用的差别。

（6）影响车辙因子差异的原因为填料物理和化学特性的差别。灰分较矿粉比表面积大、孔隙多、粗糙度高、活性元素多。这些因素综合作用，导致灰分和基质沥青的界面作用强于矿粉和基质沥青的界面作用，灰分胶浆车辙因子高于矿粉胶浆。

4.3 布敦岩沥青灰分沥青胶浆的光老化特性分析

4.3.1 紫外线环境箱简介及试样制备

1) 紫外线环境箱简介

本试验采用的紫外线环境箱为试验室自制,通过该设备进行室内模拟沥青及沥青胶浆加速光老化试验,装置具体结构如图4-2所示。光照系统主要由照射头和控制器两个部分组成。照射头的具体尺寸为383mm×145mm×111mm(长×宽×高),采用UV-LED光源,石英玻璃聚光,共4排光珠,每排10颗,每颗光珠都安装了滤光片,滤光片用于过滤部分可见光,散热方式为内置风扇和铝制外盒散热。控制器的主要功能有显示照射时间,调节紫外线强度,使紫外线照射强度实现额定功率下任意范围内的调节。

a)外部结构　　b)内部结构　　c)照射头　　d)控制器

图4-2　紫外线环境箱构造

2) 沥青薄膜制备

影响沥青胶浆光老化的因素主要有沥青胶浆薄膜厚度、紫外光照射时长、紫外光辐射强度及试验温度等。根据试验室已有试验条件,可以通过室内紫外线环境箱模拟沥青胶浆的加速紫外老化试验。本试验紫外线光辐射强度为100W/m^2,环境箱温度为25℃,沥青膜厚度为2.0mm,光照时间为24h(折算后相当于我国西北部地区7d紫外老化),试样为粉胶比0.4、0.6和0.8的石灰岩矿粉胶浆和BRA灰分胶浆。

4.3.2 光老化前后灰分沥青胶浆的车辙因子分析

采用动态剪切流变仪分别对紫外线照射后布敦岩沥青灰分胶浆及石灰岩矿粉胶浆的流变性能进行测试,试验结果见表4-2~表4-4和图4-3、图4-4。推荐采用车辙因子($G^*/\sin\delta$)来评价6种沥青胶浆光老化后的抗车辙性能。车辙因子($G^*/\sin\delta$)表征沥青胶浆抵抗高温剪切变形的能力,$G^*/\sin\delta$ 值和沥青胶浆抵抗高温剪切变形的能力正相关。相位角 δ 表征沥青胶浆的黏弹性,δ 越大,沥青胶浆的黏性部分增强,易产生永久变形;δ 越小,沥青胶浆的弹性部分增强,不易产生永久变形。

不同粉胶比的石灰岩矿粉沥青胶浆室内紫外光老化前后 DSR 数据　　表4-2

粉胶比	温度(℃)	G^*(kPa)	δ(°)	$G^*/\sin\delta$(kPa)
室内紫外老化后胶浆				
矿粉/基质沥青=0.4	58	5.319	83.2	9.167
	64	2.292	84.7	4.179
	70	1.064	85.6	2.044
	76	0.526	86.2	1.060
	82	0.273	86.3	0.578
矿粉/基质沥青=0.6	58	5.367	85.3	10.574
	64	2.373	86.5	4.640
	70	1.128	87.4	2.192
	76	0.57	88.0	1.102
	82	0.303	88.3	0.583
矿粉/基质沥青=0.8	58	5.808	84.8	12.103
	64	2.565	86.4	5.317
	70	1.218	87.3	2.515
	76	0.615	88.0	1.265
	82	0.326	88.1	0.671
未老化胶浆				
粉胶比	温度(℃)	G^*(kPa)	δ(°)	$G^*/\sin\delta$(kPa)
矿粉/基质沥青=0.4	58	6.727	84.6	6.757
	64	3.090	85.4	3.100
	70	1.489	85.6	1.493
	76	0.766	85.1	0.769
	82	0.420	83.9	0.422
矿粉/基质沥青=0.6	58	8.204	85.9	8.225
	64	3.715	87.2	3.719
	70	1.740	88.2	1.741
	76	0.862	88.8	0.862
	82	0.450	89.2	0.450

续上表

未老化胶浆				
粉胶比	温度(℃)	G^*(kPa)	δ(°)	$G^*/\sin\delta$(kPa)
矿粉/基质沥青=0.8	58	9.653	85.8	9.679
	64	4.388	87.0	4.394
	70	2.067	87.9	2.068
	76	1.023	88.3	1.023
	82	0.536	88.2	0.536

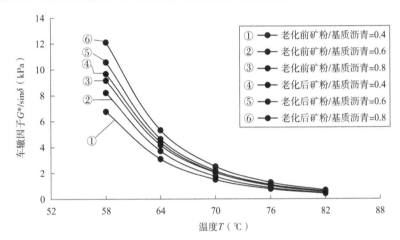

图 4-3 不同粉胶比的石灰岩矿粉沥青胶浆室内紫外光老化前后车辙因子曲线

不同粉胶比的 BRA 灰分沥青胶浆室内紫外光老化下 DSR 数据　　表 4-3

室内紫外老化后胶浆				
粉胶比	温度(℃)	G^*(kPa)	δ(°)	$G^*/\sin\delta$(kPa)
BRA 灰分/基质沥青=0.4	58	11.102	84.5	11.153
	64	4.936	86.1	4.947
	70	2.358	87.2	2.361
	76	1.196	87.6	1.197
	82	0.639	87.9	0.639
BRA 灰分/基质沥青=0.6	58	14.671	84.1	14.749
	64	6.510	85.6	6.529
	70	3.105	87.0	3.109
	76	1.573	87.6	1.574
	82	0.838	87.8	0.839

第4章 布敦岩沥青灰分沥青胶浆性能

续上表

粉胶比	温度(℃)	G^*(kPa)	δ(°)	$G^*/\sin\delta$(kPa)
室内紫外老化后胶浆				
BRA 灰分/基质沥青=0.8	58	17.266	83.8	17.368
	64	7.731	85.6	7.754
	70	3.717	87.0	3.722
	76	1.896	87.6	1.898
	82	1.017	87.8	1.018
未老化胶浆				
粉胶比	温度(℃)	G^*(kPa)	δ(°)	$G^*/\sin\delta$(kPa)
BRA 灰分/基质沥青=0.4	58	8.607	85.5	8.634
	64	3.902	86.6	3.909
	70	1.841	87.3	1.843
	76	0.924	87.5	0.925
	82	0.490	87.4	0.491
BRA 灰分/基质沥青=0.6	58	12.329	85.8	12.362
	64	5.604	87.0	5.612
	70	2.653	87.9	2.655
	76	1.329	88.4	1.330
	82	0.701	88.6	0.701
BRA 灰分/基质沥青=0.8	58	15.287	85.8	15.328
	64	7.030	86.9	7.040
	70	3.356	87.7	3.359
	76	1.692	88.1	1.693
	82	0.900	88.0	0.901

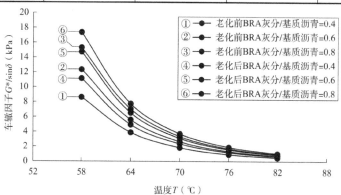

图4-4 不同粉胶比的BRA灰分沥青胶浆室内紫外光老化前后车辙因子曲线

BRA 灰分胶浆的车辙因子均得到了提高,相较于石灰岩矿粉胶浆,BRA 的掺量变化对 BRA 胶浆车辙因子的影响更明显。

(5)对比两种胶浆老化前后车辙因子的比值可以看出,同一温度下、同一掺量条件下,石灰岩矿粉胶浆老化后的车辙因子与老化前的车辙因子的比值大于 BRA 灰分胶浆,说明 BRA 灰分胶浆耐老化性能优于石灰岩矿粉胶浆。这与 BRA 灰分的物理化学特性息息相关,老化的本质是轻油组分比例减小,BRA 灰分和基质沥青间的界面作用较石灰岩矿粉强,界面作用的一部分体现在对轻油组分的选择性吸附,故 BRA 灰分胶浆耐紫外老化性能较优。

4.4 粒径对沥青胶浆性能影响分析

4.4.1 石灰岩矿粉粒径对沥青胶浆性能影响分析

根据前面对布敦岩沥青特性的分析可以知道,灰分具有粒度小、比表面积大的特性。在本章研究中,拟通过不同目数的石灰岩矿粉(200 目、300 目、400 目、500 目)胶浆的性能进行研究,开展 DSR 试验,将其与灰分胶浆的性能进行对比,研究在同种基质沥青条件下矿粉胶浆和灰分胶浆的性能差异。

目的含义是每平方英寸筛网上的孔眼数目,如 50 目是指每平方英寸上的孔眼数是 50 个,目数越大意味着孔眼越多。它同时用于表示能够通过筛网的颗粒的粒径,目数越大意味着粒径越小。本书所指的 200 目的石灰岩矿粉是指将矿粉经 200 目筛子过筛,通过 200 目筛孔的矿粉。目数和筛孔直径的对应关系见表 4-5。预过 0.15mm 筛子后的石灰岩矿粉精筛级配见表 4-6。不同目数的矿粉如图 4-5 所示。

目数和筛孔直径对应　　表 4-5

目数(目)	100	200	300	400	500	600
筛网孔径(mm)	0.150	0.075	0.048	0.038	0.025	0.023

预过 0.15mm 筛子后的石灰岩矿粉精筛级配　　表 4-6

筛孔(目)	>0.15mm	100 (0.15mm)	200 (0.075mm)	300	400	500	600
通过率(%)	100.00	99.05	93.95	76.00	71.30	63.35	1.75

不同目数的石灰岩矿粉胶浆车辙因子试验结果见表 4-7 和图 4-6。

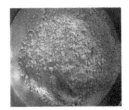
a) 预过0.15mm筛子的石灰岩矿粉

b) 200目筛网上的矿粉

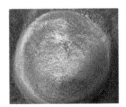
c) 300目筛网上的矿粉

d) 400目筛网上的矿粉

e) 500目筛网上的矿粉

图 4-5 不同目数的矿粉

不同目数石灰岩矿粉胶浆车辙因子试验结果汇总　　　　　　表 4-7

温度(℃)	70号基质沥青	200目矿粉/粉胶比0.4	200目矿粉/粉胶比0.6	200目矿粉/粉胶比0.8	200目矿粉/粉胶比1.0
52	9.572	11.257	15.408	17.643	20.819
58	4.109	4.770	6.193	7.135	8.003
64	1.836	2.191	2.721	3.198	3.569
70	0.859	1.051	1.281	1.527	1.766
76	0.424	0.534	0.648	0.775	0.935
82	0.223	0.289	0.348	0.415	0.513
温度(℃)	70号基质沥青	300目矿粉/粉胶比0.4	300目矿粉/粉胶比0.6	300目矿粉/粉胶比0.8	300目矿粉/粉胶比1.0
52	9.572	10.588	13.446	17.420	16.586
58	4.109	4.499	5.637	6.810	6.7656
64	1.836	2.085	2.635	3.078	3.158
70	0.859	1.011	1.299	1.527	1.602
76	0.424	0.517	0.667	0.803	0.864
82	0.223	0.277	0.360	0.432	0.483

续上表

温度(℃)	70号基质沥青	400目矿粉/粉胶比0.4	400目矿粉/粉胶比0.6	400目矿粉/粉胶比0.8	400目矿粉/粉胶比1.0
52	9.572	10.752	14.420	17.451	20.924
58	4.109	4.595	5.989	7.134	8.400
64	1.836	2.135	2.778	3.274	3.829
70	0.859	1.031	1.359	1.596	1.864
76	0.424	0.527	0.695	0.826	0.972
82	0.223	0.285	0.374	0.447	0.530
温度(℃)	70号基质沥青	500目矿粉/粉胶比0.4	500目矿粉/粉胶比0.6	500目矿粉/粉胶比0.8	500目矿粉/粉胶比1.0
52	9.572	11.575	14.483	18.400	21.932
58	4.109	4.835	5.991	7.231	8.445
64	1.836	2.221	2.750	3.267	3.779
70	0.859	1.067	1.340	1.615	1.886
76	0.424	0.539	0.688	0.839	1.009
82	0.223	0.288	0.368	0.451	0.551

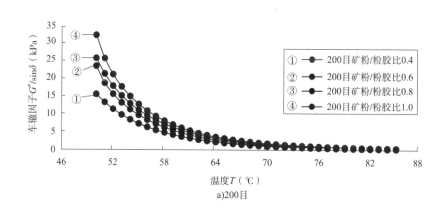

图 4-6

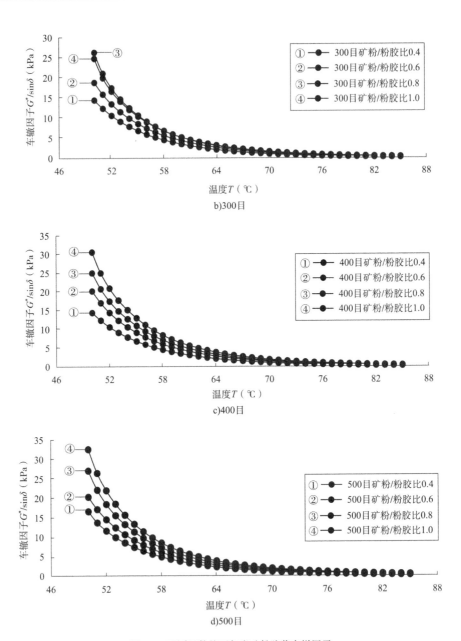

图4-6 不同目数的石灰岩矿粉胶浆车辙因子

根据图4-6可知：

(1) 对于200目、400目和500目矿粉胶浆,矿粉的加入提高了基质沥青胶浆的车辙因子;随着温度的升高,不同掺量的车辙因子均趋近于零;在同一温度下,随着掺量的增加,车辙因子的排序为:掺量 0.4 的胶浆 < 掺量 0.6 的胶浆 < 掺量 0.8 的胶浆 < 掺量 1.0 的胶浆。

分析其原因,对于 200 目、400 目和 500 目的矿粉胶浆,随着矿粉掺量的增加,综合比表面积随之增大,矿粉对沥青的吸附能力增强,故胶浆的性能得到提升。

(2)对于 300 目矿粉胶浆,矿粉的加入提高了基质沥青胶浆的车辙因子;随着温度的升高,不同掺量的车辙因子均趋近零;在同一温度下,随着掺量的增加,车辙因子的排序为:掺量 0.4 的胶浆 < 掺量 0.6 的胶浆 < 掺量 1.0 的胶浆 < 掺量 0.8 的胶浆。

分析其原因,对于 300 目矿粉胶浆,在较低掺量的情况下,随着掺量的增加,综合比表面积随之增大,胶浆性能得到提升,在掺量 0.8 时达到峰值。随后随着掺量的增加,虽然综合比表面积增大,由于矿粉对沥青的分散性能下降,胶浆的性能随之下降,胶浆的性能下降。

(3)从上述结论可以看出,当矿粉为 300 目时,掺量 0.8 的胶浆的车辙因子为所有掺量中的最大值,即在 300 目时,掺量 0.8 为最佳掺量。其他粒径时,车辙因子随矿粉掺量的增加而增大。

不同掺量的石灰岩矿粉胶浆车辙因子试验结果如图 4-7 所示。

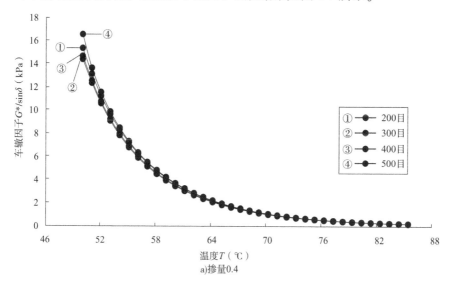

图 4-7

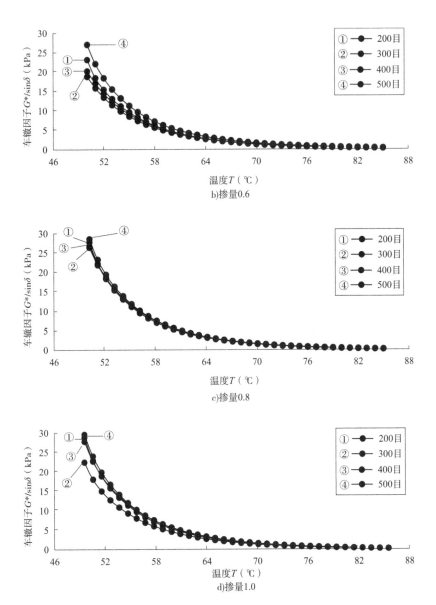

图4-7 不同掺量的石灰岩矿粉胶浆车辙因子

根据图4-7可知:

(1)在同等掺量条件下,随着温度的升高,不同目数的矿粉胶浆的车辙因子均趋近零。

(2)对于掺量0.4和掺量0.6,在高温区域的前段,车辙因子的排序为300目<400目<200目<500目,并不是矿粉越细车辙因子越大;在高温区域的后段,不同目数矿粉胶浆的车辙因子差别不大,趋于一致。

(3)对于掺量0.8,在整个高温区域,不同目数矿粉胶浆车辙因子差别不大。

(4)对于掺量1.0,在整个高温区域,200目、400目和500目矿粉胶浆的车辙因子差别不大,但是300目矿粉胶浆的车辙因子明显偏小。

(5)分析上述结论的原因,对于200目矿粉、300目矿粉、400目矿粉和500目矿粉,其化学性质是相同的,不同的是粒径不同导致的比表面积差异和矿粉对沥青分散程度的差异。对于较低掺量,如0.4和0.6,考虑比表面积和分散性的综合影响,500目最优,200目次之,400目再次,300目最差,故在车辙因子的差异上表现为300目<400目<200目<500目。随着掺量增加到0.8,200目矿粉的优势减弱,其他三种粒径矿粉的综合性能提升较快,四种矿粉胶浆车辙因子较为接近。当掺量达到1.0时,300目胶浆的综合性能最弱,其他三种粒径矿粉的综合性能较为接近,车辙因子表现为300目胶浆车辙因子最小,其他三种胶浆车辙因子较为接近。

(6)从上述结论可以得出,不同掺量条件下,300目矿粉胶浆车辙因子最小,因此在实际生产过程中,粒径200目是适宜的尺寸范围,没有必要无限度地磨细矿粉。

4.4.2 BRA灰分粒径对沥青胶浆性能影响分析

BRA灰分也具有不同的粒径,不同的粒径具有不同的物理特性。为更进一步了解不同粒径的灰分对基质沥青性能的改善,本节拟通过对不同目数的BRA灰分(200目、300目、400目、500目)胶浆的性能进行研究,开展DSR试验。BRA灰分精筛结果见表4-8,精筛过程如图4-8所示。

预过0.15mm筛子后的布敦岩沥青灰分精筛级配　　　　表4-8

筛孔(目)	>0.075mm	200 (0.075mm)	300	400	500	600
通过率(%)	100.00	87.00	60.20	35.00	17.70	1.80

通过表4-6和表4-8可以看出,预过0.15mm筛子后的石灰岩矿粉的颗粒在500目(孔径0.025mm)的通过率开始激增,预过0.15mm筛子后的布敦岩沥青灰分的颗粒在300目(孔径0.048mm)开始激增,布敦岩沥青灰分的颗粒比石灰岩矿粉的颗粒大得多。

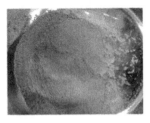
a)500目筛网上的BRA灰分

b)400目筛网上的BRA灰分

c)300目筛网上的BRA灰分

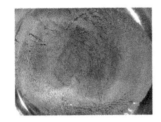
d)200目筛网上的BRA灰分

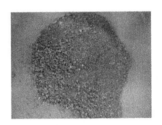
e)原样灰分

图4-8 不同目数的BRA灰分

不同粒径的BRA灰分胶浆车辙因子(掺量0.4)的试验结果见表4-9和图4-9。

不同目数的BRA灰分车辙因子试验结果汇总　　　表4-9

温度 (℃)	70号 基质沥青	未精筛前/ 粉胶比0.4	200目灰分/ 粉胶比0.4	300目灰分/ 粉胶比0.4	400目灰分/ 粉胶比0.4	500目灰分/ 粉胶比1.0
52	9.572	19.854	46.919	39.096	44.735	49.477
58	4.109	8.634	28.947	28.482	30.230	30.224
64	1.836	3.909	13.999	13.798	14.797	14.911
70	0.859	1.843	6.851	6.876	7.326	7.323
76	0.424	0.925	3.561	3.656	3.889	3.868
82	0.223	0.491	1.954	2.059	2.188	2.158

从表4-9和图4-9可以得知：

(1)将BRA灰分精筛后掺入基质沥青，大大提高了基质沥青胶浆的车辙因子，同时车辙因子也较未精筛前的灰分胶浆有了很大的提升。这表明灰分胶浆的车辙因子对灰分粒径的变化很敏感。

(2)当掺量0.4时，在高温区域的前段，车辙因子的排序为300目<400目<200目<500目，并不是灰分越细车辙因子越大；在高温区域的后段，不同目数灰分胶浆的车辙因子差别不大，趋于一致。

第4章 布敦岩沥青灰分沥青胶浆性能

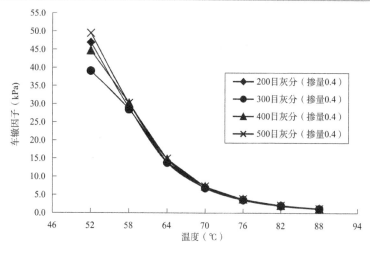

图 4-9 不同目数的 BRA 灰分车辙因子

（3）分析上述结论的原因，对于 200 目、300 目、400 目和 500 目灰分，其化学性质是相同的，不同的是粒径不同导致的比表面积差异和灰分对沥青分散程度的差异。对于掺量 0.4，比较比表面积和分散性的综合影响，500 目最优，200 目次之，400 目再次，300 目最差。故在车辙因子的差异上表现为 300 目＜400 目＜200 目＜500 目。

4.4.3　BRA 灰分胶浆和不同粒径的石灰岩矿粉胶浆性能对比

本节通过对比不同粉胶比的灰分胶浆和不同目数的矿粉胶浆的车辙因子，分析灰分胶浆和不同目数矿粉胶浆性能的差异，灰分胶浆的车辙因子和不同目数矿粉胶浆的车辙因子的比值见表 4-10。

灰分胶浆车辙因子和不同目数石灰岩矿粉胶浆车辙因子比值一览（单位：%）

表 4-10

温度 (℃)	200 目矿粉/ 粉胶比 0.4	200 目矿粉/ 粉胶比 0.6	200 目矿粉/ 粉胶比 0.8	200 目矿粉/ 粉胶比 1.0
52	176.37	185.55	201.05	238.95
58	181.01	199.61	214.83	265.54
64	178.41	206.25	220.14	270.61
70	175.36	207.26	219.97	259.23
76	173.22	205.25	218.45	245.24
82	169.90	201.44	217.11	236.06
平均值	**175.71**	**200.89**	**215.26**	**252.61**

续上表

温度(℃)	300目矿粉/粉胶比0.4	300目矿粉/粉胶比0.6	300目矿粉/粉胶比0.8	300目矿粉/粉胶比1.0
52	187.51	212.63	203.62	299.94
58	191.91	219.30	225.08	314.10
64	187.48	212.98	228.72	305.83
70	182.29	204.39	219.97	285.77
76	178.92	199.40	210.83	265.39
82	177.26	194.72	208.56	250.72
平均值	**184.23**	**207.24**	**216.13**	**286.96**
温度(℃)	400目矿粉/粉胶比0.4	400目矿粉/粉胶比0.6	400目矿粉/粉胶比0.8	400目矿粉/粉胶比1.0
52	184.65	198.27	203.26	237.76
58	187.90	206.41	214.86	252.99
64	183.09	202.02	215.03	252.23
70	178.76	195.36	210.46	245.60
76	175.52	191.37	204.96	235.91
82	172.28	187.43	201.57	228.49
平均值	**180.37**	**196.81**	**208.36**	**242.16**
温度(℃)	500目矿粉/粉胶比0.4	500目矿粉/粉胶比0.6	500目矿粉/粉胶比0.8	500目矿粉/粉胶比1.0
52	171.52	197.40	192.78	226.83
58	178.57	206.34	211.98	251.64
64	176.00	204.07	215.49	255.57
70	172.73	198.13	207.99	242.74
76	171.61	193.31	201.79	227.25
82	170.49	190.49	199.78	219.78
平均值	**173.49**	**198.29**	**204.97**	**237.30**

从表4-10可以得知,不同粉胶比的灰分胶浆的车辙因子和500目矿粉胶浆的车辙因子最为接近(平均值仍为500目矿粉胶浆车辙因子的两倍左右),即灰分胶浆能以较大的粒径达到矿粉胶浆较小粒径的高温性能。这揭示了灰分独特的物理特性(多孔、兼具内外孔隙、比表面积大)和化学特性(活性元素等)在提升沥青胶浆高温性能方面的巨大贡献。

4.5　青川岩沥青灰分沥青胶浆性能研究

前文已经对BRA的特性、BRA改性沥青的特性、BRA灰分胶浆、石灰岩矿粉胶浆进行了研究,发现布墩岩沥青及其灰分具有多孔、表面粗糙、比表面积大等特点,这种特征的材料与基质沥青混合后形成的改性沥青的高温性能较基质沥青有显著的改善。本节对和布敦岩沥青及其灰分有相同表观特征的青川岩沥青的性能进行验证。

4.5.1　青川岩沥青的特性

印度尼西亚产的布敦岩沥青是目前最常用的岩沥青,其他较为常用的有青川岩沥青。青川岩沥青是指我国四川省青川县境内出产的天然岩沥青。青川岩沥青作为国产天然岩沥青,已经得到了实际应用,同时取得了较好的效果。青川岩沥青是地壳中的石油类物质经过长期的物理化学等一系列复杂变化后形成的物质,其具有含氮量高、聚合程度高,分子量大和性质稳定等特征。

4.5.2　青川岩沥青的技术指标

青川岩沥青的主要性能指标见表4-11。

青川岩沥青主要性能指标试验结果　　　　表4-11

外　观	沥青含量(%)	灰分含量(%)	含水率(%)	密度(g/cm³)	粒度(0.075mm筛通过百分率,%)
黑褐色固体粉末	88.66	11.34	1.07	1.116	28.8

青川岩沥青与青川岩沥青灰分分别如图4-10和图4-11所示。

图4-10　青川岩沥青

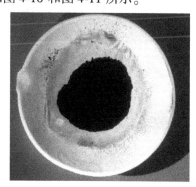

图4-11　青川岩沥青灰分

4.5.3 青川岩沥青扫描电镜分析

采用扫描电镜对青川岩沥青灰分进行表观三维图像与元素分析。青川岩沥青及其灰分表观形貌如图4-12所示,表观元素见表4-12。同时采用美国Quantachrome公司的Auosorb-1-MP型仪器对青川岩沥青灰分试样进行比表面积分析,分析结果见表4-13。

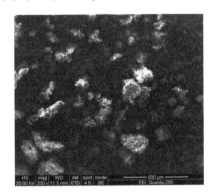

a) 200倍 (500μm尺度)

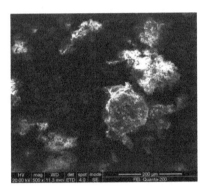

b) 500倍 (200μm尺度)

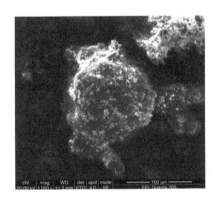

c) 1000倍 (100μm尺度)

d) 3000倍 (40μm尺度)

图4-12 青川岩沥青灰分扫描电镜图像

青川岩沥青灰分主要元素含量 表4-12

	元素	O	Si	Ca	Fe	Al	Mg	C	K	S	Na
青川岩沥青灰分	质量百分比(%)	31.6	20.52	19.37	13.94	7.5	2.24	1.69	1.54	1.08	0.52
	主要成分	$CaCO_3$、SiO_2、FeS_2、Al_2O_3、Fe_2O_3、MgO									

注:扫描电镜的电子探针只能检测$_5B \sim _{92}U$的元素,所以H元素无法被扫描到。

青川岩沥青灰分比表面积测试结果		表 4-13
样品名称	青川岩沥青灰分	石灰岩矿粉
BET 法测的表面积(m^2/g)	1.40	0.58

通过对图 4-12、表 4-12 和表 4-13 分析,可以知道:

(1)青川岩沥青灰分表面比较粗糙,褶皱较多、凹凸不平,有一定数量的孔洞,与布敦岩沥青灰分颗粒表观形貌相似。这表明其与基质沥青接触时,有较大的接触面积,具有较强的吸附基质沥青的能力。

(2)青川岩沥青灰分颗粒粒度大小为 100~200μm,青川岩沥青灰分颗粒粒度与布敦岩沥青灰分相似。

(3)青川岩沥青灰分颗粒表面元素主要有 O、Si、Ca、Fe、Al、Mg、C、K、S 和 Na,主要化合物为 $CaCO_3$、SiO_2、Al_2O_3 和 Fe_2O。其中 Mg、Fe、Al 等活性元素易于和基质沥青黏附。

(4)青川岩沥青灰分颗粒比表面积为 1.40,是石灰岩矿粉的 2.4 倍。这表明相对于石灰岩矿粉,青川岩沥青灰分在与基质沥青接触中具有更大的接触面积,对基质沥青的吸附能力比石灰岩矿粉强。

4.5.4 青川岩沥青灰分沥青胶浆性能

国内对青川岩沥青也进行了很多研究,主要集中在青川岩沥青改性沥青和青川岩沥青改性沥青混合料方面。通过研究发现,青川岩沥青对基质沥青的高温性能有显著的改善效果,并且随着掺量的增加,高温改善效果越明显,在一定范围内,对基质沥青抗老化性能的改善效果随着青川岩沥青掺量的增加而提高[88],同时青川岩沥青对基质沥青的温度敏感性具有改善效果[89]。目前对青川岩沥青灰分的研究较少。通过前文对 BRA 的研究成果,天然沥青的矿物成分在改性中起着重要作用,因此有必要对青川岩沥青的矿物成分进行进一步的研究分析。本节将着重对青川岩沥青中矿物成分(即青川岩沥青灰分)进行研究分析,探讨青川天然岩沥青改性机理,同时从另外一个角度对布敦岩沥青的改性机理进行论证。

1)青川岩沥青灰分胶浆的制取

参照布敦岩沥青改性沥青胶浆的制作方法,为了使青川岩沥青灰分胶浆与布敦岩沥青灰分胶浆更加具有对比性,按照以下掺配比例分别制取不同掺量的青川岩沥青灰分胶浆:青川岩沥青灰分/基质沥青=0.4、青川岩沥青灰分/基质沥青=0.6 和青川岩沥青灰分/基质沥青=0.8。

2) 青川岩沥青灰分胶浆和石灰岩矿粉胶浆的温度扫描分析

为了对青川岩沥青灰分胶浆进行更为细致的流变性能研究,采用高级智能流变仪对青川岩沥青灰分胶浆和矿粉胶浆进行温度扫描(粉胶比采用0.4、0.6和0.8),DSR试验结果见表4-14,青川岩沥青灰分胶浆与碳岩矿粉胶浆的车辙因子曲线如图4-13所示。

青川岩沥青灰分胶浆和矿粉胶浆DSR试验数据　　　　　　表4-14

胶浆类型	$T(℃)$	$G^*(kPa)$	$\delta(°)$	$G^*/\sin\delta(kPa)$
青川岩沥青灰分/ 基质沥青=0.4	58	4.224	85.0	7.548
	64	1.957	86.8	3.364
	70	0.969	88.0	1.612
	76	0.510	88.2	0.821
	82	0.280	88.3	0.440
青川岩沥青灰分/ 基质沥青=0.6	58	4.598	84.8	10.748
	64	2.185	86.5	4.740
	70	1.094	87.6	2.249
	76	0.602	88.1	1.135
	82	0.324	88.3	0.603
青川岩沥青灰分/ 基质沥青=0.8	58	5.933	84.5	13.128
	64	2.784	86.2	5.804
	70	1.419	87.4	2.761
	76	0.760	88.0	1.396
	82	0.430	88.2	0.743
矿粉/基质沥青= 0.4	58	6.727	84.6	6.757
	64	3.090	85.4	3.100
	70	1.489	85.6	1.493
	76	0.766	85.1	0.769
	82	0.420	83.9	0.422
矿粉/基质沥青= 0.6	58	8.204	85.9	8.225
	64	3.715	87.2	3.719
	70	1.740	88.2	1.741
	76	0.862	88.8	0.862
	82	0.450	89.2	0.450

续上表

胶浆类型	$T(℃)$	G^*(kPa)	δ(°)	$G^*/\sin\delta$(kPa)
矿粉/基质沥青=0.8	58	9.653	85.8	9.679
	64	4.388	87.0	4.394
	70	2.067	87.9	2.068
	76	1.023	88.3	1.023
	82	0.536	88.2	0.536

注：比值均为质量比。

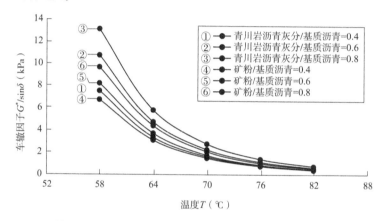

图4-13 青川岩沥青灰分胶浆与石灰岩矿粉胶浆车辙因子曲线

由图4-13可以得知：

(1)在扫描温度范围内，青川岩沥青灰分胶浆的车辙因子和石灰岩矿粉胶浆一样，均随温度的升高而下降，且车辙因子下降速率逐渐减小，最终车辙因子趋近零。

(2)温度相同时，随着灰分掺量的增加，青川岩沥青灰分胶浆的车辙因子逐步提高，表明在青川岩沥青灰分可以提高基质沥青高温性能。

(3)在同一温度时，不同胶浆的车辙因子排序为：掺量0.4的矿粉胶浆＜掺量0.4的青川岩沥青灰分胶浆＜掺量0.6的矿粉胶浆＜掺量0.8的矿粉胶浆＜掺量0.6的青川岩沥青灰分胶浆＜掺量0.8的青川岩沥青灰分胶浆，青川岩沥青灰分胶浆的车辙因子对灰分掺量的变化更敏感。青川岩沥青灰分的物理、化学特性和布敦岩沥青灰分类似，故其具有和布敦岩沥青灰分胶浆类似的高温性能。

3)青川岩沥青灰分胶浆和布敦岩沥青灰分胶浆的温度扫描结果对比分析

青川岩沥青灰分胶浆和BRA灰分胶浆DSR试验数据见表4-15。

青川岩沥青灰分胶浆和 BRA 灰分胶浆 DSR 试验数据　　表 4-15

胶浆类型	$T(℃)$	G^*(kPa)	$\delta(°)$	$G^*/\sin\delta$(kPa)
青川岩沥青灰分/基质沥青=0.4	58	4.224	85.0	7.548
	64	1.957	86.8	3.364
	70	0.969	88.0	1.612
	76	0.510	88.2	0.821
	82	0.280	88.3	0.440
青川岩沥青灰分/基质沥青=0.6	58	4.598	84.8	10.748
	64	2.185	86.5	4.740
	70	1.094	87.6	2.249
	76	0.602	88.1	1.135
	82	0.324	88.3	0.603
青川岩沥青灰分/基质沥青=0.8	58	5.933	84.5	13.128
	64	2.784	86.2	5.804
	70	1.419	87.4	2.761
	76	0.760	88.0	1.396
	82	0.430	88.2	0.743
BRA 灰分/基质沥青=0.4	58	8.607	85.5	8.634
	64	3.902	86.6	3.909
	70	1.841	87.3	1.843
	76	0.924	87.5	0.925
	82	0.490	87.4	0.491
BRA 灰分/基质沥青=0.6	58	12.329	85.8	12.362
	64	5.604	87.0	5.612
	70	2.653	87.9	2.655
	76	1.329	88.4	1.330
	82	0.701	88.6	0.701
BRA 灰分/基质沥青=0.8	58	15.287	85.8	15.328
	64	7.030	86.9	7.040
	70	3.356	87.7	3.359
	76	1.692	88.1	1.693
	82	0.900	88.0	0.901

从图 4-14 可知：

(1)青川岩沥青灰分胶浆车辙因子的变化规律和布敦岩沥青灰分胶浆车辙因子的变化规律相同。

(2)同一温度时，不同类型胶浆的车辙因子排序为：掺量 0.4 的青川岩沥青灰分胶浆 < 掺量 0.4 的 BRA 灰分胶浆 < 掺量 0.6 的青川岩沥青灰分胶浆 < 掺量 0.6 的 BRA 灰分胶浆 < 掺量 0.8 的青川岩沥青灰分胶浆 < 掺量 0.8 的 BRA 灰分胶浆。

(3)结合青川岩沥青和布敦岩沥青特性可知：上述车辙因子排顺的主要原因是虽然青川岩沥青灰分也是多孔结构，其表面积是石灰岩矿粉的 2.4 倍，但是其比表面积仅为 BRA 灰分比表面积的 20.3%。这也再次证明了比表面积在岩沥青改性中具有重要的作用。

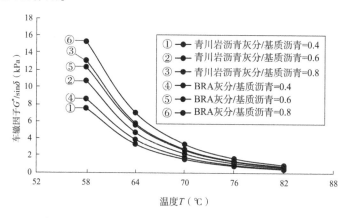

图 4-14　青川岩沥青灰分胶浆与 BRA 灰分胶浆车辙因子曲线

4.6　本章小结

本章对布敦岩沥青灰分胶浆、不同粒径的石灰岩矿粉胶浆和青川岩沥青灰分胶浆进行了系统研究，得出如下结论。

(1)布敦岩沥青灰分和石灰岩矿粉掺入基质沥青中，均能够提高基质沥青的车辙因子。在相同温度下，布敦岩沥青灰分胶浆和石灰岩矿粉胶浆的车辙因子均随着矿粉和灰分掺量的增加而变大。同等掺量和相同温度下，布敦岩沥青灰分胶浆的车辙因子远大于石灰岩矿粉胶浆，具体为：掺量 0.4 的矿粉胶浆 < 掺量 0.6 的矿粉胶浆 < 掺量 0.4 的灰分胶浆 < 掺量 0.8 的矿粉胶浆 < 掺量 1.0 的矿粉胶浆 < 掺量 0.6 的灰分胶浆 < 掺量 0.8 的灰分胶浆 < 掺量 1.0 的灰分胶浆。结果表明，布敦岩沥青灰分对基质沥青高温性能的改善效果明显优于石灰岩矿粉。

（2）经室内短期紫外老化后,不同类型的布敦岩沥青灰分胶浆和矿粉胶浆的车辙因子均得到了提高,在同一温度、同一掺量条件下,石灰岩矿粉胶浆老化后的车辙因子与老化前的车辙因子的比值大于 BRA 灰分胶浆。这表明 BRA 灰分胶浆的耐老化性能优于石灰岩矿粉胶浆。

（3）对不同粒径、不同掺量的石灰岩矿粉胶浆车辙因子进行了分析,发现如下规律。

①不同粒径石灰岩矿粉的掺入均能提高基质沥青的车辙因子。对于 300 目的矿粉胶浆,掺量 0.8 的粉胶比对应的车辙因子为所有粉胶比中的最大值;对于 200 目、400 目和 500 目矿粉胶浆,掺量 1.0 的粉胶比对应的车辙因子为所有粉胶比中的最大值。不同目数的矿粉胶浆车辙因子变化规律不尽相同。

②对于掺量 0.4 和掺量 0.6,在高温区域的前段,车辙因子的排序为:300 目 < 400 目 < 200 目 < 500 目;在高温区域的后段,不同目数矿粉胶浆的车辙因子差别不大,趋于一致。对于掺量 0.8,在高温区域的前段和后段,不同目数矿粉胶浆的车辙因子差别不大;对于掺量 1.0,在高温区域的前段和后段,200 目、400 目和 500 目矿粉胶浆的车辙因子差别不大,300 目矿粉胶浆的车辙因子明显偏小。

③不同掺量条件下,300 目矿粉胶浆的车辙因子最小,故在实际生产过程中,粒径 200 目是适宜的尺寸,没有必要无限度地磨细矿粉。这一结论可以指导石灰岩矿粉的生产。

（4）不同粉胶比的布敦岩沥青灰分胶浆的车辙因子和 500 目石灰岩矿粉胶浆的车辙因子最为接近(平均值仍为 500 目矿粉胶浆车辙因子的两倍左右)。这表明布敦岩沥青灰分胶浆能以较大的粒径达到较小粒径石灰岩矿粉胶浆的高温性能。

（5）对青川岩沥青进行了研究,得知:青川岩沥青灰分颗粒表面粗糙、褶皱较多、凹凸不平,有一定数量的孔洞,与布敦岩沥青灰分颗粒表观形貌相似,同样具有较强吸附基质沥青的能力。青川岩沥青灰分颗粒粒径为 $100 \sim 200 \mu m$,粒度与布敦岩沥青灰分相似。青川岩沥青灰分颗粒含有的主要元素有 O、Si、Ca、Fe、Al、Mg、C、K、S 和 Na,主要化合物为 $CaCO_3$、SiO_2、Al_2O_3、Fe_2O_3 和 MgO,其中 Mg、Fe、Al 为活性元素,导致青川岩沥青灰分易于和基质沥青黏附。青川岩沥青灰分颗粒比表面积是石灰岩矿粉的 2.4 倍,相较石灰岩矿粉,青川岩沥青灰分在与基质沥青接触中具有更大的接触面积,对基质沥青的吸附能力要比石灰岩矿粉强。

（6）相同温度时,青川岩沥青灰分胶浆的车辙因子随灰分掺量的增加而提高。在同一温度下,不同胶浆的车辙因子排序为:掺量 0.4 的矿粉胶浆 < 掺量 0.4 的青川岩沥青灰分胶浆 < 掺量 0.6 的矿粉胶浆 < 掺量 0.8 的矿粉胶浆 < 掺量 0.6 的青川岩沥青灰分胶浆 < 掺量 0.8 的青川岩沥青灰分胶浆。青川岩沥青灰分胶浆车辙

因子对灰分掺量的变化更加敏感。

(7)青川岩沥青灰分胶浆车辙因子的变化规律和布敦岩沥青灰分胶浆车辙因子的变化规律相同;同一温度下,不同类型胶浆的车辙因子排序为:掺量0.4的青川岩沥青灰分胶浆<掺量0.4的BRA灰分胶浆<掺量0.6的青川岩沥青灰分胶浆<掺量0.6的BRA灰分胶浆<掺量0.8的青川岩沥青灰分胶浆<掺量0.8的BRA灰分胶浆。上述车辙因子排序的主要原因是青川岩沥青灰分的比表面积虽然较大,是石灰岩矿粉的2.4倍,但仅为BRA灰分比表面积的20.3%。这再次证明了比表面积在岩沥青改性中具有重要作用。

第 5 章 布敦岩沥青灰分胶浆流变性能的离散元建模分析

沥青混合料的力学性能在很大程度上取决于沥青胶结材料的特性以及其组成成分的相互作用。沥青胶浆是典型的黏-弹性材料,其力学行为对时间和温度有很强的依赖性。为了进一步理解沥青胶浆的力学接触行为,通过建立沥青胶浆材料的三维细观离散元模型对其宏观力学行为进行分析,以期对布敦岩沥青改性行为进行设计与布敦岩沥青改性沥青性能预估提供指导。

5.1 沥青胶浆的离散元研究方法

近 20 年来,运用细观力学手段预测沥青混合料性能越来越受到关注,采用离散元方法构建细观模型来开展研究成为众多学者的选择,但是其中大多数模型采用线弹性模型来表征沥青胶浆。现有研究表明,线弹性模型可以预测一些与时间无关的沥青材料特性,如在给定频率或时间下的材料刚度。而事实上,对时间的依赖性是沥青胶浆的重要性能,但目前仅可通过试验来测定这些黏-弹性参数,如复数模量和相位角。因此,需要对基于离散元的研究方法进行改进,以期得到沥青胶浆的线弹性参数。

5.1.1 离散元基本理论及本构模型

离散元法在 20 世纪 70 年代初由康达尔教授(美国明尼苏达大学)首次提出。最初,离散元法主要用来研究非连续介质(如岩石等)的力学行为。自问世以来,离散元法在岩土工程和粉体(颗粒散体)领域发挥了不可替代的作用。近年来,离散元法又在连续介质及连续介质向非连续介质转化的力学问题方面得到了应用。

在道路领域,研究人员也开始用离散元方法来模拟沥青玛蹄脂,甚至更进一步模拟沥青混合料。沥青混合料属于多相分散体系,其分散质(矿料)之间、分散质和分散体(沥青玛琋脂)之间、分散体内部之间都存在不连续接触面。故采用连续介质力学方法(如有限元法)无法很好地解决有些问题:多接触面问题无法处理,集料表面纹理等情况无法描述,微观结构的断裂、集料的接触面间的相互运动较难描述。而离散单元方法的强项是处理分散体等非连续介质力学问题,故可以有效解决上述问题。通过使用接触黏结模型可以处理连续介质的力学问题,尤其可以更方便地处理多相分散体系材料(如沥青混凝土)。

在物体的离散化方面,离散元方法的离散思想和有限元法相似,同样先对研究区域进行网格单元划分,再通过节点建立单元联系。离散单元被视为刚性体,通过单元之间接触(Contacts)来定义单元间的相对位移等变形行为。因此在离散元计算中的本构关系也称接触模型。

三维离散元模型通常由一系列离散的球体单元(Balls)和墙体(Walls)组成,而块体单元是一种特殊的球体单元,被定义为由多个球体所组成的不规则单元,只能整体参与计算,而其组成球体之间的接触不参与计算也不发生位移。基本的计算流程可分为三步:①每个颗粒单元和墙体的位置被确定,并由此判断并激活各个单元之间的接触;②根据材料的力学行为,给每一个接触赋予相应的本构方程,并计算各点接触力;③通过牛顿第二运动定律对每个单元的位置和速度进行定义。

离散元方法通常采用一种简单的线性模型,单元之间的相互作用可以通过法向和切向刚度来进行定义。接触力的计算与单元之间重叠程度(法向接触力 F^n)和切向运动(切向接触力 F^s)有关,如式(5-1)和式(5-2)所示。

$$F^n = K^n U^n \tag{5-1}$$

$$F^s = -K^s \delta U^s \tag{5-2}$$

式中,K^n 和 K^s 分别为接触的法向刚度和切向刚度;U^n 和 U^s 分别为接触的法向位移和切向位移;δ 为切向接触面积。

由 Mohr-Coulomb 准则可知,接触模型引入点连接和摩擦系数,则最大切向力应满足式(5-3)的要求。因为单元之间不能承受拉力,所以当处于受拉状态时,将法向力和切向力置零。

$$|F^s| \leq c + F^n \tan\varphi \tag{5-3}$$

式中,c 为黏结力;φ 为摩擦角。

5.1.2 黏-弹性模型及构建方法

黏-弹性是指材料在外力作用下同时产生弹性变形和黏性流动的性质。Burgers 四参数模型是最常用的黏-弹性模型,可以用于描述沥青胶浆的性能。如图 5-1 所示,Burgers 模型由 Maxwell 模型与 Kelvin 模型串联而成,其中 Maxwell 模型适合说明应力松弛的

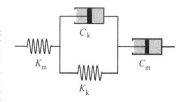

图 5-1 Burgers 四参数模型

力学行为，Kelvin 模型适合说明蠕变与蠕变恢复的力学行为。因此，Burgers 四参数模型可以表征蠕变、蠕变恢复和应力松弛等力学行为，总变形可以表示为：

$$u = u_k + u_m \tag{5-4}$$

同时，Maxwell 模型由一个弹簧和一个黏壶串联而成，因此可将式(5-4)进行改写：

$$u = u_k + u_{mk} + u_{mc} \tag{5-5}$$

式中，u_k 为 Kelvin 模型的位移；u_{mk} 为 Maxwell 模型中弹簧的位移；u_{mc} 为 Maxwell 模型中黏壶的位移。

由此可以求得在离散元方法中 Burgers 模型的平衡方程，如式(5-6)所示。

$$F + \left[\frac{C_k}{K_k} + C_m\left(\frac{1}{K_k} + \frac{1}{K_m}\right)\right]\dot{F} + \frac{C_k C_m}{K_k K_m}F = \pm C_m \dot{u} \pm \frac{C_k C_m}{K_k}\ddot{u} \tag{5-6}$$

式中，F 为接触力；K_k 和 K_m 分别为 Kelvin 模型和 Maxwell 模型的刚度；C_k 和 C_m 分别为 Kelvin 模型和 Maxwell 模型的黏度。

目前，在离散元建模中，有两种方法可以用来构建 Burgers 本构关系：①直接采用 PFC3D 中的 Burgers 接触模型，给每一个接触赋值，从而表征整个材料的黏-弹性行为；②首先利用线性模型来定义模型的法线和切线刚度，然后根据材料的黏-弹性本构关系，随着加载时间改变模型的刚度[90]。第一种方法不需要建立对应的时间函数，建模和计算流程相对简单；第二种方法的优势在于节约计算时间，不需要代入相对复杂的 Burgers 接触模型。本书采用第二种方法，相关公式见式(5-7)和式(5-8)。

$$K^n = \left[\frac{1}{K_m^n} + \frac{t}{C_m^n} + \frac{1}{K_k^n} \times (1 - e^{\frac{-t}{\tau_n}})\right]^{-1} \tag{5-7}$$

$$K^s = \left[\frac{1}{K_m^s} + \frac{t}{C_m^s} + \frac{1}{K_k^s} \times (1 - e^{\frac{-t}{\tau_s}})\right]^{-1} \tag{5-8}$$

式中，t 为加载时间；K_m^n 和 K_m^s 分别为 Maxwell 模型的法向和切向刚度；C_m^n 和 C_m^s 分别为 Maxwell 模型的法向和切向黏度；K_k^n 和 K_k^s 分别为 Kelvin 模型的法向和切向刚度；τ_n 和 τ_s 分别为松弛时间的法向和切向分量，计算公式分别为：

$$\tau_n = \frac{C_k^n}{K_k^n} \tag{5-9}$$

$$\tau_s = \frac{C_k^s}{K_k^s} \tag{5-10}$$

5.1.3 复数柔度与复数剪切模量

在 Burgers 模型中，对于恒定剪切应力的响应可以用动态剪切柔度($|J^*(\omega)|$)

和动态剪切模量($|G^*(\omega)|$)来表征。当施加一个动态应力时,可以得到动态应变响应,并利用Burgers模型的本构关系,有:

$$\frac{\varepsilon^*}{\sigma_0} = \frac{1}{K_m} + \frac{1}{i\omega C_m} + \frac{1}{K_k + i\omega C_k} \tag{5-11}$$

式(5-11)左侧的表现形式称为复合剪切柔度 $J^*(\omega)$,包含实部和虚部两个部分,通常可以写为如下形式:

$$J^*(\omega) = J'(\omega) - iJ''(\omega) \tag{5-12}$$

$$J'(\omega) = \frac{1}{K_m} + \frac{K_k}{K_k^2 + \omega^2 C_k^2} \tag{5-13}$$

$$J''(\omega) = \frac{1}{\omega K_m} + \frac{\omega K_k}{K_k^2 + \omega^2 C_k^2} \tag{5-14}$$

式中,$J'(\omega)$为实部,称为储存柔量;$J''(\omega)$为虚部,称为损耗柔量。复合剪切柔度可以看作一个向量,大小即为动态剪切柔量。

$$|J^*(\omega)| = \sqrt{J'(\omega)^2 + J''(\omega)^2} \tag{5-15}$$

复合剪切柔度的方向称为相位角 δ,可通过下式计算:

$$\delta = \arctan\frac{J''(\omega)}{J'(\omega)} \tag{5-16}$$

复合剪切模量与动态剪切模量分别等于复数柔度与动态剪切柔度的倒数,即:

$$G^*(\omega) = \frac{1}{J^*(\omega)} = \frac{J'(\omega)}{|J^*(\omega)|^2} + i\frac{J''(\omega)}{|J^*(\omega)|^2} \tag{5-17}$$

$$|G^*(\omega)| = \frac{1}{|J^*(\omega)|} = \frac{1}{\sqrt{J'(\omega)^2 + J''(\omega)^2}} \tag{5-18}$$

$$G'(\omega) = |G^*(\omega)|\cos\delta = \frac{J'(\omega)}{J'(\omega)^2 + J''(\omega)^2} \tag{5-19}$$

$$G'(\omega) = |G^*(\omega)|\sin\delta = \frac{J''(\omega)}{J'(\omega)^2 + J''(\omega)^2} \tag{5-20}$$

5.2 沥青胶浆流变性能试验建模方法

在美国SHRP研究计划中,基于流变学思想对沥青结合料开展了高低温性能研究,提出了新的测试方法,推荐采用 DSR 试验方法进行胶结料高温性能研究。本书拟通过三维离散元方法建立 DSR 试验模型,并由此预测布敦岩沥青胶浆试样的流变行为。

5.2.1 室内试验方法简介

DSR 试验方法有两种:应力控制模式(通过控制正弦变化的应力得到应变)和应变控制模式(施加正弦变化应变来得到应力)。本试验采用奥地利 Anton Paar 公司生产的 Physica MCR-301 型 DSR 试验分析仪,以应变控制的方式施加扭矩,主要部件包括剪切试验仪主机和水循环系统等。图 5-2 所示为 DSR 试验仪的原理,在试验装置中配置有两种尺寸的加载金属板,其中一块用于压力老化后的沥青,直径为 8.00mm ± 0.05mm,间隙为 1mm ± 0.05mm;另一块用于原样沥青和薄膜烘箱后老化的沥青,直径为 25mm ± 0.05mm,间隙为 2mm ± 0.05mm。《公路工程沥青及沥青混合料试验规程》(JTG E20—2011)中规定,试验过程需对试件施加 10rad/s ± 0.1rad/s 频率的正弦振荡荷载。

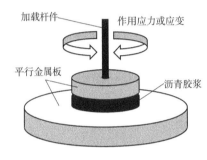

图 5-2 DSR 试验仪原理

当温度达到平衡时,设备将自动以 10rad/s 的频率和选择的应力(应变)的设定值进行试验,第一次 10 个循环,不记录数据,第二次 10 个循环,记录数据,用于计算复合剪切模量 G^*(kPa)和相位角 δ(°)。

采用下面的计算公式来得到复合剪切模量 G^*:

$$\tau_{max} = \frac{2T}{\pi r^3} \tag{5-21}$$

$$\gamma_{max} = \frac{\theta r}{h} \tag{5-22}$$

$$G^* = \frac{\tau_{max}}{\gamma_{max}} \tag{5-23}$$

式中,τ_{max} 为最大剪应力;γ_{max} 为最大剪切应变;T 为最大施加扭矩;r 为试样的半径,θ 为旋转角度;h 为试样的厚度。

相位角 δ 通过应力峰值与应变峰值之间的滞后时间差来确定,如式(5-24)所示。

$$\delta = \frac{\Delta t}{t} \times 360 \tag{5-24}$$

式中,Δt 为剪切应力峰值与剪切应变峰值之间的时间差;t 为一次循环的加载时间。

5.2.2 模型几何尺寸及细观参数

按照沥青胶浆 DSR 试验在高温条件下对试样的要求,试样的直径设为 25mm,试样高度为 1mm。采用 PFC 3D 软件生成球体颗粒并组装试件,上下加载板的位置先用颗粒填充并预留一定的空间,实现其离散化,生成虚拟试验模型如图 5-3a)所示。

采用球体颗粒装配试样通常被认为可以有效地预测室内试验的宏观结果,然而,也有研究提出除了采用接触模型外,还需引入不规则几何形状来更多地反映材料的细观特征,如图 5-3b)所示。但是,复杂的不规则块体会造成模型计算效率低下,在考虑离散元模型中的真实沥青胶浆的复杂性之前,首要的是对数值试样的准确性进行验证。因此,本章分别对简化模型(球体颗粒)和真实模型(不规则颗粒)两种情况进行分析和讨论。

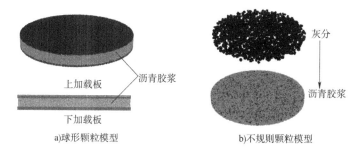

a) 球形颗粒模型　　　　　　　b) 不规则颗粒模型

图 5-3　DSR 虚拟试验模型

由前面章节电子显微镜扫描结果可知,其灰分的尺寸约在 200μm,同时综合考虑计算成本,将球形颗粒的直径设定为 200μm,约 177187 个颗粒。需要注意的是,在离散元计算中,颗粒的尺寸不仅会影响计算效率,还可能导致结果的不收敛。因此,目前无法完全考虑沥青胶浆中的细颗粒尺寸。根据试验结果,灰分沥青胶浆颗粒的密度设定为 2000kg/m³。

为了获得堆积密实的初始试件颗粒,提出了一种基于应力控制的直径放大法进行颗粒生成,具体步骤如下:①给定初始空隙率 P_i 和缩放系数 SF,本书分别设定为 46% 和 0.5;②按照缩放系数计算初始直径 r_i(200μm × SF),并根据空隙率和试件体积计算所需的颗粒数目;③在试件内部随机生成颗粒,并进行收敛计算(最大不平衡力与最大接触力的比率小于0.01%);④放大颗粒直径,每次以1.01倍进行放大,并保证迭代收敛,检测边界墙体的应力变化;⑤待颗粒直径放大至200μm,且收敛平衡后,获得墙体的最大应力,若最大应力大于10Pa且小于100Pa则认为满足要求,若不满足,则修改空隙率,重新上述步骤,直到满足要求为止。

本章对沥青胶浆的黏弹性本构方程,通过第二种方法确定,即建立线性模型与时间的关系公式[式(5-7)和式(5-8)]。假定Burgers模型的法向和切向参数相等,模型参数可以采用下面目标函数[式(5-25)]通过DSR室内试验测定得到拟合结果,见表5-1。

$$f_c = \sum_{i=1}^{m} \left[\left(\frac{G'_j}{G'^0_j} - 1 \right)^2 + \left(\frac{G''_j}{G''^0_j} - 1 \right)^2 \right] \tag{5-25}$$

式中,G'^0_j和G''^0_j分别为在第j个频率时的存储模量和损耗模量;G'_j和G''_j分别为预测的存储模量和损耗模量。

基质沥青胶浆的 Burgers 模型参数　　　　表 5-1

温度(℃)	K_m	C_m	K_k	C_k
50	9.083×10^5	1.69×10^4	3.15×10^4	2.83×10^3
80	2.79×10^4	6.70×10^3	1.71×10^4	1.67×10^3

5.2.3　边界及加载条件

为了更好地描述沥青胶浆与加载板之间的界面效应,如图5-3所示,采用Clump块体作为加载板,由两层颗粒集合组成,将对称轴作为旋转中心,并可以通过cl_rzvel()函数对加载板的旋转角速度进行定义。

加载板的应变按照正弦函数变化,可将一个加载周期按照时间均匀划分为100段,其中第i段的加载速度可以表示为:

$$\omega_z^i = \theta_{max} \times 2\pi f \times \cos[2\pi f \times (t_i + \Delta t/2)] \tag{5-26}$$

式中,θ_{max}为最大角位移;f为加载频率;t_i为第i段的初始时间;Δt为每一段的时间间隔。

因此,以频率为5Hz的标准加载周期为例,可以得到的加载速度曲线,如图5-4a)所示,应变情况如图5-4b)所示。

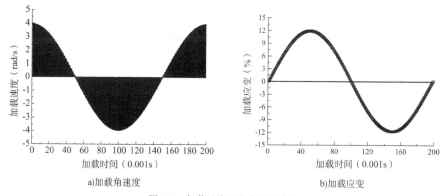

图 5-4 加载速度及应变时程曲线

5.3 模拟结果验证及规律分析

为了校准虚拟试验软件在正弦动荷载作用下的模型参数,本节阐述基质沥青胶浆的模拟 DSR 动态剪切试验。

5.3.1 应力-应变时程曲线

动态剪切模量与相位角是表征沥青玛琋脂动态力学性能的特征参量,故将这两者作为校准动态剪切虚拟试验结果的标准参量。图 5-5 所示为 80℃ 条件下 5Hz 频率的数值模拟结果,剪切应变与剪切应力的曲线基本上呈正弦波形,而且两者的峰值存在一个相位差,即为所求相位角。剪切应力的峰值在每个周期内均发生了一定的改变,其峰值的连线可以近似为一条斜率大于 0 的直线,因此可知在初始条件下,最大应力随周期的增加而增大。通过应力-应变时程曲线,可以计算得到该条件下沥青胶浆的复数剪切模量和相位角,从而对虚拟试验结果进行进一步验证。

5.3.2 复数模量的变化规律

对两种温度(50℃ 和 80℃)在不同频率条件(0.01Hz,0.1Hz,1Hz,5Hz,10Hz,20Hz,50Hz,100Hz)下的动态剪切结果进行分析,如图 5-6 和图 5-7 所示。通过室内试验[图 5-6a)和图 5-7a)]可知,随着加载频率的增大,沥青胶浆的复数剪切模量也随着增长,且 50℃ 条件下的结果远远大于 80℃ 条件下的结果,两者相差一个量级。图 5-6b)和图 5-7b)为实测值与模拟预测值的对比,从图中可以看出,虚拟试验结果与实测结果的吻合性较好,模型参数能够较好地反映沥青胶浆随之时间的力学行为。

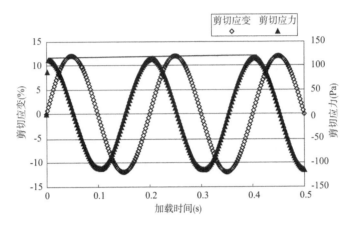

图 5-5 80℃条件下 5Hz 频率的数值模拟结果

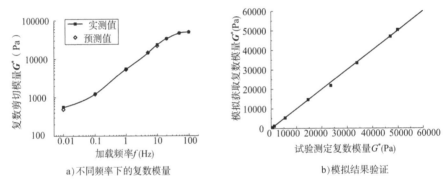

a) 不同频率下的复数模量　　　　　b) 模拟结果验证

图 5-6 50℃条件下复数模量试验结果及验证

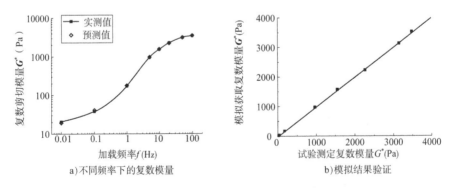

a) 不同频率下的复数模量　　　　　b) 模拟结果验证

图 5-7 80℃条件下复数模量试验结果及验证

5.3.3 相位角的变化规律

通过提取相位角,计算得到两种温度(50℃和80℃)在不同频率条件(0.01Hz,0.1Hz,1Hz,5Hz,10Hz,20Hz,50Hz,100Hz)下的沥青胶浆黏滞性进行分析,如图5-8和图5-9所示。从图中可以看出,两种温度下的沥青胶浆的变化趋势是一致的,即:随着加载频率的增加而相位角减小。由于试验操作和传感器的误差,沥青胶浆的相位角预测值与实测值存在一定差异,但两者仍具有较高的相关度。因此,本节提出的离散元模型与参数能够较好地模拟基质沥青胶浆的动态剪切性能。

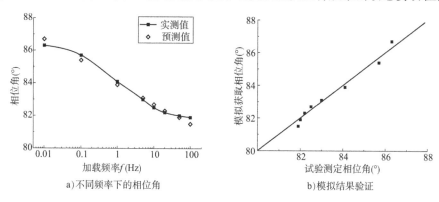

图5-8 50℃条件下相位角试验结果及验证

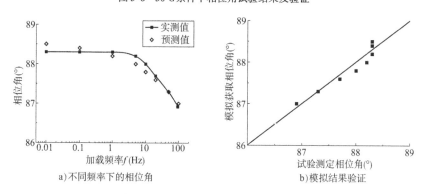

图5-9 80℃条件下相位角试验结果及验证

5.3.4 试样尺寸对模拟结果的影响

在进行动态剪切流变试验时,需要考虑试样尺寸对试验结果有一定的影响。保持高度为1mm不变,分别对直径为8mm、12mm、16mm、20mm和24mm的试样进行测试,模拟试验结果如图5-10所示。从图中可以看出,试件的直径对复数剪切模量的影响较大,随着直径的减小,沥青胶浆颗粒所受的剪切应力随之减小,由于试验采用控制应变加载方式,根据复数剪切模量公式可知,其复数剪切模量也减小,且不同加载频率下的模拟结果规律一致。同时,随着试件直径的增大,其预测结果与室内实测结果逐渐接近,而当直径不大于12mm时,其预测结果远远大于实测值。

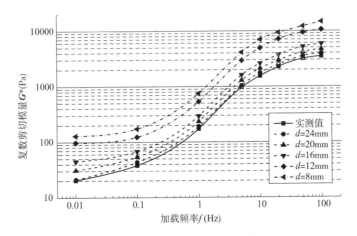

图5-10 80℃条件下沥青胶浆性能尺寸效应分析

5.3.5 DSR试验细观参数分析

对比室内试验宏观力学结果,已经对离散元模型进行了验证,同时还可以通过对试样的细观结构特征(如接触点数目和接触力分布)进行分析,对材料的细观力学行为进行评价。图5-11所示为沥青胶浆试样内部各点的接触力链分布,线条的厚度代表接触力的大小。从接触力链网络的方向可知,接触力主要为水平方向,即为剪切应力的方向,其大小显著大于正应力。

a)正视图　　　　　　b)俯视图

图5-11 80℃、5Hz频率的试样内部各点的接触力链分布

图5-12和图5-13分别为平均接触力沿厚度方向和水平方向上的分布曲线,沿

着两个方向上对试样进行划分,测定每个划分区域的平均接触力。可以看出,平均接触力分布均呈现中间大两边小的规律,这主要是由于边界效应对试样的影响。同时,沿着厚度划分的区域平均接触力远大于沿着水平方向划分的区域接触力。这也进一步说明试样所受应力主要为剪切应力。

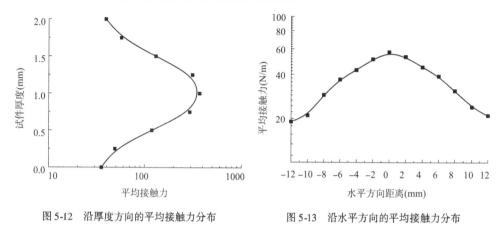

图 5-12　沿厚度方向的平均接触力分布　　　图 5-13　沿水平方向的平均接触力分布

5.4　布敦岩沥青灰分胶浆的离散元模拟

通过上述的离散元建模及结果分析可知,DSR 试验的数值模型能够合理地预估沥青胶浆的流变性能,确定颗粒的 Burgers 模型参数,并与宏观性能试验对比,根据其细观结构构建微细观预测模型反映沥青玛琋脂的力学性能。

为了研究布敦岩沥青灰分胶浆的高温流变性能,对三种布敦岩沥青灰分胶浆(布敦岩沥青灰分/基质沥青 =0.4,布敦岩沥青灰分/基质沥青 =0.6 和布敦岩沥青灰分/基质沥青 =0.8)采用离散元分析的方法进行数值模拟,对岩沥青灰分采用不规则颗粒进行模拟,研究布敦岩沥青灰分与沥青胶浆的流变性能与相互作用。

5.4.1　布敦岩沥青灰分单元的构建与投放

布敦岩沥青灰分材料具有不规则形状和较大的比表面积,并能够随机分散在沥青胶浆中。为了模拟灰分的几何特征,本节通过采用颗粒重叠法来构建灰分的 Clump 模型,图 5-14 为基本单元的确定方法。具体的构建方法是:通过将灰分基体颗粒向外扩展,合并一定范围内的基本单元,生成灰分 Clump 块体,表示不同的比表面积,即扩展后灰分块体颗粒与普通预设基本颗粒的接触数增多,比表面积增大。通过扫描电镜对布敦岩沥青灰分的粒度进行分析,发现其颗粒大小与布敦岩沥青颗粒相似,粒径为 150~200μm。同时,考虑计算效率,假定块体中灰分基体颗粒与预生成的基本单元的尺寸比例限制为 4∶1。

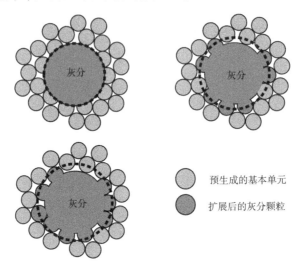

图 5-14 灰分单元不规则模型示意

不规则的灰分块体的位置按照预设定和数目在 DSR 试样模具中随机确定,删除原样基质沥青胶浆模型中与灰分区域重叠的胶浆颗粒,然后生成指定的灰分颗粒,并通过初始循环计算,消除灰分与胶浆可能的重叠。在这一计算工程中,忽略重力的作用,从而保证颗粒从底板到顶板分布的均匀性。构建的算法对于三维模型同样适用,如果颗粒不平衡力过大,可以利用墙体的移动使得试样快速平衡。通过室内试验拟合结果,对灰分的回弹模量进行校正,法向刚度取值为 2.4×10^7,泊松比为 1.0。

5.4.2 布敦岩沥青灰分胶浆性能的影响因素分析

1)灰分单元特征分析

由构建方法可知,单个灰分块体由大小不同的颗粒组成,其中颗粒数目和粒径比对沥青胶浆的材料性能有明显的影响。为了反映这种细观尺度的力学行为,本节通过对试样加载后的颗粒接触数和平均力链来开展分析,试验结果如图 5-15 和图 5-16 所示。

从图 5-15 的结果可知,随着灰分颗粒内部单元的粒径比增加,在生成的模型中单个灰分颗粒的平均体积略有增加,总体变化不超过体积的 10%。从曲线趋势来看,当颗粒粒径比达到 4.0 时,其随着粒径比增长的斜率趋近于 0,这说明在保证

第5章 布敦岩沥青灰分胶浆流变性能的离散元建模分析

一定的计算效率的条件下,将灰分基体颗粒与预生成的基本单元的尺寸比例设定为 4.0 是比较合理的方案。

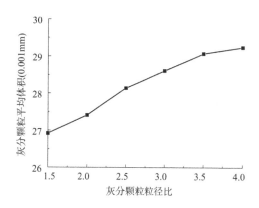

图 5-15 灰分颗粒平均体积变化

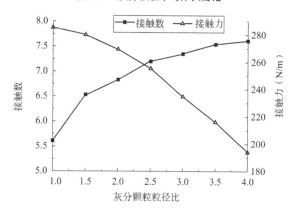

图 5-16 灰分参数对模型细观参数变化

从图 5-15 所示的模型颗粒细观参数可知,随着粒径比的增加,模型内部的平均接触数增加。这反映的是改变粒径比能够提高岩沥青灰分的比表面积,增大灰分与沥青的接触数,从而对整个 BRA 改性沥青胶浆的宏观力学性能产生影响。同时,随着接触数的增加,试样内部的平均接触力也有所降低,表明增大比表面积能够优化胶浆内部的相互作用,使得受力更加均匀,从而降低局部范围内的应力。

2) 灰分掺量对复数剪切模量的影响

通过布敦岩沥青灰分对沥青胶浆力学性能进行改性,其主要影响因素是灰分的含量。为此本节开展了虚拟试验,分析灰分掺量对沥青胶浆复数剪切模量的影响,模拟结果如图 5-17 所示。

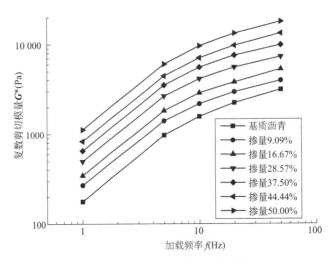

图 5-17 岩沥青灰分对复数剪切模量的影响

从图 5-17 中可以看出,随着布敦岩沥青灰分的掺入量增大,改性沥青胶浆的复数剪切模量也随着增长,而且在不同的加载频率下有着一致的规律性。为了验证这一规律的合理性,Shtrikman H 和 Dougherty K 两位学者通过牛顿流体下的刚性颗粒堆积试验分别提出了两种模量比公式,见式(5-27)和式(5-28)。

$$\frac{G'(\varphi)}{G_0} = \frac{2+3\varphi}{2-2\varphi} \tag{5-27}$$

$$\frac{G'(\varphi)}{G_0} = (1-1.5625\varphi)^{-1.6} \tag{5-28}$$

式中,G_0 为初始剪切模量;φ 为颗粒的体积分数。

图 5-18 所示为不同灰分含量对复数剪切模量比的影响。可以看出,随着改性沥青胶浆中灰分的掺加量增加,灰分胶浆的复数剪切模量与未掺入时的初始剪切模量的比值逐渐增长,其增长速率介于 Hashin-Shtrikman 公式[式(5-27)]和 Krieger-Dougherty 公式[式(5-28)]的计算结果之间。同时,当掺入的岩沥青灰分体积分数大于 30% 时,改性沥青胶浆的剪切模量在数值上也介于两种计算结果之间。这进一步验证了本节所提模型的合理性。

3)灰分模量对复数剪切模量的影响

通过室内试验发现,灰分的模量也是影响改性沥青胶浆力学性能的重要因素。在 DSR 虚拟试验中,可以通过改变灰分颗粒的法向刚度,直接分析不同加载频率下灰分刚度对复数剪切模量的影响,预测结果见表 5-2。

第5章 布敦岩沥青灰分胶浆流变性能的离散元建模分析

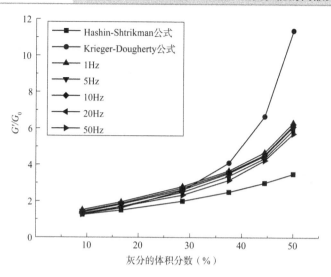

图 5-18 不同灰分含量对复数剪切模量比的影响

从表 5-2 可以发现,复数剪切模量受灰分刚度和加载速率共同影响,其数值变化幅度明显,其中相同加载速率条件下的最大变化率为 17.91%。这说明灰分模量对沥青胶浆材料的影响较大。同时,比较不同加载速率下的灰分刚度影响程序,随着加载速率或频率的增长,灰分刚度变化造成的最大复数剪切模量变化率从 5.01% 增长到 17.91%。这表明加载速率会进一步将材料自身的影响放大。

不同灰分模量的复数剪切模量变化 表 5-2

序号	灰分法向刚度	模量比	加载频率(Hz)	复数剪切模量(Pa)	变化率(%)
1	1.20×10^7	0.5	5	2601.1	0
2	2.40×10^7	1	5	2620.2	0.73
3	4.80×10^7	2	5	2670.3	2.66
4	1.20×10^8	5	5	2687.7	3.33
5	2.40×10^8	10	5	2695.2	3.62
6	4.80×10^8	20	5	2703.8	3.95
7	1.20×10^9	50	5	2719.1	4.54
8	2.40×10^9	100	5	2731.5	5.01
9	1.20×10^7	0.5	10	3927.3	0
10	2.40×10^7	1	10	4123.1	4.99
11	4.80×10^7	2	10	4180.6	6.45
12	1.20×10^8	5	10	4230.3	7.72

续上表

序号	灰分法向刚度	模量比	加载频率(Hz)	复数剪切模量(Pa)	变化率(%)
13	2.40×10^8	10	10	4252.6	8.28
14	4.80×10^8	20	10	4307.8	9.69
15	1.20×10^9	50	10	4334	10.36
16	2.40×10^9	100	10	4441.4	13.09
17	1.20×10^7	0.5	20	5273.1	0
18	2.40×10^7	1	20	5360.7	1.66
19	4.80×10^7	2	20	5683.3	7.78
20	1.20×10^8	5	20	5788.5	9.77
21	2.40×10^8	10	20	5844.9	10.84
22	4.80×10^8	20	20	5901.3	11.91
23	1.20×10^9	50	20	5991.6	13.63
24	2.40×10^9	100	20	6123.8	16.13
25	1.20×10^7	0.5	50	6973.2	0
26	2.40×10^7	1	50	7304.8	4.76
27	4.80×10^7	2	50	7459.6	6.98
28	1.20×10^8	5	50	7618.1	9.25
29	2.40×10^8	10	50	7748.7	11.12
30	4.80×10^8	20	50	7897.1	13.25
31	1.20×10^9	50	50	8037.4	15.26
32	2.40×10^9	100	50	8221.8	17.91

5.5 本章小结

为了进一步掌握沥青胶浆的力学接触行为,本章建立了沥青胶浆的三维细观离散元模型,根据室内DSR试验,采用不同加载频率、温度和颗粒尺寸对其细观相互作用与宏观力学行为进行了分析,由此开发了布敦岩沥青灰分胶浆的构建和预估方法。主要结论如下:

(1)根据黏-弹性材料力学行为与时间的关系,通过编写材料本构关系子程序建立了随时间变化的法向和切向刚度迭代方法,可以避开内置Burgers模型复杂的计算过程。

(2)建立了DSR试验的三维离散元模型,可分别采用球形颗粒和不规则形状颗粒进行模型构建,并通过监控加载过程的应力-应变时程曲线,验证了模型的准确性。

(3)对两种温度(50℃和80℃)在不同频率条件(0.01Hz,0.1Hz,1Hz,5Hz,10Hz,20Hz,50Hz,100Hz)下的动态剪切结果进行了分析。结果显示:随着加载频率的增大,沥青胶浆的复数剪切模量也随着增长,而且50℃条件下的结果要远远大于80℃的结果,两者相差一个量级。对比实测值与模拟预测值可知,虚拟试验结果与实测结果的吻合性较好,模型参数能够较好地反映沥青胶浆随时间变化的力学行为。

(4)对两种温度(50℃和80℃)在不同频率条件(0.01Hz,0.1Hz,1Hz,5Hz,10Hz,20Hz,50Hz,100Hz)下的沥青胶浆黏滞性进行了分析。两种温度下的沥青胶浆黏滞性的变化趋势具有一致性,随着加载频率的增加,相位角减小,由于试验操作和传感器误差,沥青胶浆的相位角预测值与实测值存在一定差异,但两者仍具有较高的相关度。

(5)在进行动态剪切流变试验时,试样的尺寸对试验结果有一定的影响。随着直径的减小,沥青胶浆颗粒所受的剪切应力随之减小。

(6)从接触力链网络的方向可知,接触力主要为水平方向,即为剪切应力的方向,其大小显著大于正应力。平均接触力分布均呈现中间大、两边小的规律,这主要是由于边界效应对试样的影响。同时,沿着厚度划分的区域平均接触力远大于沿着水平方向划分的区域接触力,进一步表明试样所受应力主要为剪切应力。

(7)单个灰分块体由大小不同的颗粒组成,其中颗粒数目和粒径比对沥青胶浆的材料性能有明显的影响。随着布敦岩沥青灰分颗粒内部单元的粒径比增加,生成的模型中单个灰分颗粒的平均体积略有增加,总体变化不超过体积的10%。随着粒径比的增加,模型内部的平均接触数增加,表明改变粒径比能够提高灰分的比表面积,增大灰分与沥青胶浆的接触数,从而对整个布敦岩沥青改性沥青胶浆的宏观力学性能产生影响。

(8)随着布敦岩沥青灰分的掺加量增大,沥青胶浆的复数剪切模量也随着增长,而且在不同加载频率时,有着一致的规律性。随着沥青胶浆中灰分的掺入量增加,灰分胶浆的复数剪切模量与未掺入时的初始剪切模量的比值逐渐增长,其增长速率介于Hashin-Shtrikman公式和Krieger-Dougherty公式的计算结果之间。

(9)比较不同加载速率下布敦岩沥青灰分刚度的影响。随着加载速率或频率的增长,灰分刚度变化造成的最大复数剪切模量变化率从 5.01% 增长到 17.91%,表明加载速率会进一步将材料自身的影响放大。

(10)通过离散元的方法为沥青胶浆乃至布敦岩沥青灰分胶浆的高温流变性能预测提供了可能,为开发类似的材料提供了依据。

第6章 布敦岩沥青改性沥青混合料路用性能研究

BRA 颗粒在 BRA 改性沥青混合料中既起到填料作用,也起到改性作用,BRA 属于物理改性剂,这也是进行 BRA 改性沥青混合料设计方法研究的基础。BRA 改性沥青混合料配合比设计涉及的主要因素包括 BRA 组成成分、基质沥青的组成成分、BRA 改性沥青的性能随掺加量的变化关系和 BRA 改性沥青的改性机理等。本章结合布敦岩沥青的特性和改性机理,对现有的布敦岩沥青混合料配合比设计方法进行综合比选后提出较为精确的 BRA 改性沥青混合料配合比设计方法,并对其路用性能和疲劳性能进行研究。

6.1 布敦岩沥青掺配工艺

自20世纪80年代,改性沥青和改性剂开始被引入我国,经过多年的使用,已经在高等级公路得到了广泛的应用,改性技术也到了长足的发展。"湿法"和"干法"为改性剂的常用掺加方式,即通常所说的湿法改性和干法改性。

6.1.1 湿法改性工艺

湿法改性即通常所说的麦克唐纳(McDonald)法,是20世纪60年代中期由美国人查尔斯·麦克唐纳(McDonald C H)创立[91]。在湿法改性过程中,在一定温度下改性剂和基质沥青进行混合,在混合过程中发生一系列物理化学反应,如溶胀、降解等,在这个过程中基质沥青的性质发生改变,从而生产出改性沥青,即成品改性沥青。在工地上采用成品改性沥青生产出来的混合料即为改性沥青混合料,常用的 SBS 改性沥青即为这种工艺的代表。

湿法改性工艺的优点如下:

(1)基质沥青在与混合料中的集料拌和之前与改性剂进行了充分的反应,基质沥青和改性剂之间的物理化学反应(如溶胀、降解过程)可以进行得比较充分,改性效果较好。

(2)可以对基质沥青的改性效果控制得更为精确,通过一系列室内试验即可准确了解改性剂的掺量是否合适,改性效果是否达标。

湿法改性工艺的缺点如下:

(1)制备改性沥青的生产过程和生产工艺控制较严,如需长时间高温反应、专门的加工和存储设备,一般的场地没有办法进行生产,必须在固定地点集中生产,生产后再运至工地现场,成本较高。

(2)对改性剂有特定要求,如密度、细度和与基质沥青的相容性等。

(3)改性沥青不是即生产即用,在长时间的运输和存储过程中,由于改性剂的离析等原因,改性后的沥青性能会出现一定的衰减。

6.1.2 干法改性工艺

干法改性工艺是相对"湿法"而言的,具体是指在拌合站沥青混合料的生产过程中,先增加沥青混合料的干拌时间,再将改性剂与集料在拌锅内进行拌和,拌和后再加入基质沥青进行拌和。该工艺最早于20世纪70年代在美国密西西比和加利福尼亚进行研究推广[91]。目前常用的温拌剂、抗车辙剂等外掺剂的添加属于干法改性的范畴。

干法改性工艺的优点如下:

(1)相较湿法改性,干法改性对改性剂的一些特性要求较低,如密度、粒径和与基质沥青的相容性等。

(2)可以在拌合站直接进行改性生产,没有中间过程,不需要改性沥青的加工、存储等附加设备,工艺简单。

(3)随生产随用,无须增加额外的改性沥青运输费用,成本较低。

干法改性工艺的缺点如下:

(1)由于改性剂没有与基质沥青充分反应,发生一系列的物理、化学反应,对改性剂的反应程度不能精确控制,在某种程度上,湿法改性较干法改性效果好。

(2)缺失了控制改性沥青质量这一手段,仅能从改性沥青混合料成品的路用性能间接了解改性剂对基质沥青的改性效果。

(3)由于预先和集料进行干拌后再喷入沥青,若改性剂用量较多且粒径较大,会因干涉作用影响混合料的级配,进而影响其路用性能。

由于 BRA 中含有较多的灰分,质量比高达71%左右,且 BRA 颗粒的密度比基质沥青大得多,若采用湿法改性,在改性沥青生产、存储和运输中易发生离析。资料显示,"湿法"工艺制备的 BRA 改性沥青,0.5h 时已经完全离析[52],从而影响 BRA 改性沥青的性能,故宜在 BRA 改性沥青混合料的生产过程中采用干法改性工艺。

6.2 BRA改性沥青混合料配合比设计

目前在用的《公路沥青路面施工技术规范》(JTG F40—2004)没有对BRA改性沥青混合料配合比设计提出明确要求。仅《沥青混合料改性添加剂 第5部分：天然沥青》(JT/T 860.5—2014)对天然沥青改性沥青混合料配合比设计提出了很笼统的要求，即天然沥青改性沥青混合料配合比设计应按照《公路工程沥青及沥青混合料试验规程》(JTG E20—2011)进行，对施工采用"干法工艺"的，配合比试验也采用"干法"；对施工采用"湿法"工艺的，配合比试验也采用"湿法"[58]，故BRA改性沥青混合料配合比设计推荐采用"干法"方式。

6.2.1 目前常用BRA改性沥青混合料配合比设计方法概述

目前在实际生产中，常用的BRA改性沥青混合料配合比设计方法主要是引用印尼方法或者根据以往施工经验总结出来的各地的地方标准。下文对常用的BRA改性沥青混合料的"干法"配合比设计方法进行分析。

1）直接法

具体步骤如下：

(1) 初定BRA掺量

按表6-1的掺量范围，结合工程情况及BRA的性能测试情况初定BRA掺量。

直接法中BRA的掺量范围 表6-1

掺量范围(%)	计 算 方 法
20~50	BRA与"基质沥青+BRA"质量之比

(2) 配合比设计

直接法[92]采用两个阶段进行设计。第一阶段采用马歇尔试验方法进行混合料的配合比设计（不掺加BRA），确定基质沥青最佳油石比。第二阶段按前序阶段确定的最佳油石比和上浮0.2%、0.4%三组油石比进行掺加BRA的改性沥青混合料路用性能检验。综合考虑BRA改性沥青混合料的技术性能和经济性能，最终确定BRA改性沥青混合料最佳油石比。

2）折减法

(1) 确定BRA掺量

先使用煅烧法确定BRA中灰分和纯沥青的质量比，再根据质量比和工程经验确定BRA掺量，推荐掺量见表6-2。

折减法中 BRA 的掺量范围　　　　　　　　　表 6-2

掺量范围(%)	计 算 方 法
20~25	BRA 中地沥青与基质沥青质量之比
3~3.5	BRA 与不含 BRA 的原沥青混合料质量之比

(2)配合比设计

折减法[60]同样按两个阶段进行配合比设计。第一阶段,按照传统马歇尔法设计合成级配。第二阶段,假定两个前提:①拌和过程中 BRA 中的纯沥青完全溶解于基质沥青;②灰分的颗粒组成与矿粉类似,可以完全替代矿粉。基于这两个前提条件,依据确定的 BRA 掺量调整合成级配中矿粉的用量和基质沥青用量,方法为用灰分替代等量矿粉,用纯沥青替代等量基质沥青。按折减后的基质沥青用量换算对应基质沥青油石比,以 0.5% 的间隔取 5 个油石比进行 BRA 改性沥青混合料试验,获得最佳油石比,并根据最佳油石比进行混合料性能试验。

3)筛分法

(1)确定 BRA 级配和灰分含量

按照《公路工程集料试验规程》(JTG E42—2005)中矿粉的筛分方法对 BRA 进行筛分,获得 BRA 的级配曲线,使用煅烧法确定 BRA 中灰分和纯沥青的质量比。

(2)确定 BRA 掺量

根据纯沥青含量拟定 BRA 掺量,BRA 掺量范围见表 6-3。

筛分法 BRA 掺量范围　　　　　　　　　表 6-3

掺量范围(%)	计 算 方 法
3.1~3.6	BRA 与集料质量之比

(3)配合比设计

筛分法[93]为一阶段设计,将 BRA 作为一档集料参与配合比设计,尽量固定 BRA 掺量不变,调整其他集料的用量,调整级配满足要求。确定级配后,以预估油石比和 0.5% 的间隔选取 5 个沥青用量进行混合料试验,以确定 BRA 混合料最佳油石比,根据最佳油石比检验 BRA 混合料路用性能。

4)改进型折减法

(1)确定 BRA 中灰分含量和灰分的级配

通过燃烧法确定 BRA 中灰分含量,再根据《公路工程集料试验规程》(JTG E42—2005)测定灰分的级配。

第6章 布敦岩沥青改性沥青混合料路用性能研究

(2) 确定 BRA 掺量

初定的 BRA 掺量范围见表 6-4。

改进型折减法 BRA 掺量范围　　　　　　　　　表6-4

掺量范围(%)	计 算 方 法
2.0~5.0	BRA 与未掺加 BRA 的沥青混合料质量之比

(3) 配合比设计

改进型折减法[94]为一阶段设计。初定适宜的级配曲线和 BRA 用量,再以 ±0.5% 三个 BRA 用量进行级配设计。级配设计时,用 BRA 中灰分代替等比例的细集料和矿粉,维持级配曲线不变。随后按照马歇尔方法确定不同 BRA 掺量下的沥青混合料的最佳基质沥青用量。最后进行技术、经济比较,确定最佳的 BRA 掺量和 BRA 混合料的最佳基质沥青用量。

6.2.2 各种配合比设计方法比较

1) 直接法的优缺点

布敦岩沥青颗粒较大,最大粒径为 4.75mm,且根据前面的改性机理,BRA 在拌和过程中是整体发挥作用,纯沥青基本不溶于基质沥青,该方法没有考虑 BRA 颗粒的大小,因此若 BRA 用量过多,会对混合料的合成级配产生干涉作用从而影响混合料的路用性能。资料显示,为避免对级配的干涉,BRA 掺量不宜超过 36%(BRA 质量与基质沥青和 BRA 质量之和的比值),这样就导致 BRA 用量被局限在一个范围,不能充分利用 BRA 的性能[60]。

同时,该种设计方法比较粗糙,会出现不同的 BRA 掺量对应相同的基质沥青用量的情况,根据前面篇章对 BRA 改性机理的分析,这种情况是不准确的。

2) 折减法的优缺点

折减法需满足两个条件:①混合料拌和时纯沥青完全溶解于基质沥青;②石灰岩矿粉粒径组成和灰分类似,灰分能够完全代替矿粉。根据前面的 BRA 改性沥青的改性机理,这两种前提条件均不准确。首先,根据前面试验结果,纯沥青在 BRA 改性沥青的制备过程中基本不溶于基质沥青;其次,灰分在 0.075mm 筛孔的通过率一般在 40% 左右,远远小于《公路沥青路面施工技术规范》(JTG F40—2004)中矿粉在 0.075mm 筛孔的通过率,等量代替矿粉会对混合料的合成级配产生影响。因为折减了矿粉用量,所以混合料中 0.075mm 以下部分会急剧减少,从而影响混合料的性能。因此,根据折减法进行混合料的配合比设计和前面的改性机理相冲突,不符合实际情况,不能发挥布敦岩沥青的性能,同时在某种程度上也会影响混合料的性能。

3）筛分法的优缺点

筛分法对直接法、折减法进行了改进，可以有效降低 BRA 对混合料级配的影响。筛分法认为 BRA 中纯沥青不会全部溶解于基质沥青，在混合料中灰分和纯沥青基本不会分离。在 25℃ 时 BRA 的密度为 $1.7 g/cm^3$，体积较同质量的集料大。根据前文所述的直接法，BRA 掺入沥青混合料中，在较低的掺配比例（占混合料质量的 3%）的情况下即会对混合料的级配进行"干涉"。因此，将 BRA 作为一档集料参与级配设计，可以避免"干涉"作用，且能够对不同级配情况下的 BRA 掺量进行有针对性的设计，避免了目前不同的 BRA 类型、不同的 BRA 掺量对应同一种级配的弊端。BRA 作为一档集料参与级配设计，可以避免折减法中关键筛孔通过率不符合规定的情况。

该方法直接将布敦岩沥青颗粒作为一种集料参与配合比设计，没有考虑 BRA 颗粒在常温下和实际工作状态中大小的差别。因为 BRA 颗粒在受热后会分解为较小粒径的颗粒，这将影响混合料级配的准确性，也就违背了筛分法的初衷。

4）改进型折减法的优缺点

该方法是基于 BRA 改性机理对前面折减法的改进，前提为 BRA 颗粒以整体参与改性过程，但是在改性生产的过程中颗粒会变小，且布敦岩沥青中的纯沥青基本不溶于基质沥青，同时在改性的过程中纯沥青还会吸附一定数量的基质沥青。该方法用灰分代替 BRA 颗粒参与级配设计，可以极大程度地避免 BRA 颗粒对级配的干涉。相较直接法，级配设计从模糊化向精细化发展，可以解决不同的 BRA 掺量下基质沥青油石比却相同这一不合理状况，能够更大程度地发挥 BRA 的性能，且同时能够选用最佳的基质沥青用量，能够更好地提高 BRA 改性沥青混合料的性能。

综上所述，改进型折减法考虑和解决了 BRA 改性沥青混合料进行配合比设计的三个问题。

(1) 在改性生产过程中，BRA 中的灰分和纯沥青有无分离。
(2) 在改性生产过程中，BRA 中纯沥青是否溶解于基质沥青。
(3) 在改性生产过程中，BRA 处于工作状态下颗粒的大小。

因此，推荐改进型折减法作为 BRA 改性沥青混合料配合比设计方法。

6.3　BRA 改性沥青混合料性能试验方案

结合河南省郑州市 S323 新密关口至登封张庄段改建工程试验路的相关情况，

第6章 布敦岩沥青改性沥青混合料路用性能研究

表面层采用 BRA 改性沥青 AC-16C 型混合料。为准确了解 BRA 改性沥青 AC-16C 型混合料的性能,进行混合料级配为 AC-16C 型的 BRA 改性沥青混合料、70 号基质沥青混合料和 SBS 改性沥青混合料的性能对比试验研究。

首先进行各种沥青结合料的 AC-16C 型混合料的配合比设计,在这个基础上,进行 BRA 改性沥青混合料、70 号基质沥青混合料和 SBS 改性沥青混合料这三种沥青混合料性能试验,试验内容包括高温性能、水稳定性能、低温性能和疲劳性能。通过动稳定度试验评价高温性能,通过浸水马歇尔残留稳定度和冻融劈裂残留强度比试验评价水稳定性能,通过低温弯曲小梁试验破坏应变来评价低温性能,通过小梁疲劳试验来评价疲劳性能。

6.4 混合料配合比设计

6.4.1 布敦岩沥青改性沥青混合料性能要求

结合《公路沥青路面施工技术规范》(JTG F40—2004)中改性沥青混合料的技术要求和安徽省地方标准《道路用布敦岩沥青》(DB34/T 2323—2015)中的要求,布敦岩沥青改性沥青混合料技术要求见表 6-5。

布敦岩沥青改性沥青混合料技术要求 表 6-5

试验项目	技术要求	备注
马歇尔试件击实次数(次)	双面击实 75 次	
马歇尔试件尺寸(mm)	$\phi101.6mm \times 63.5mm$	
马歇尔试验稳定度(kN)	≥8.0	
马歇尔试验流值(mm)	1.5~4.0	
浸水马歇尔试验残留稳定度(%)	≥85	
冻融劈裂试验的残留强度比(%)	≥80	
车辙试验动稳定度(次/mm)	≥3000	
弯曲试验破坏应变(με)	≥2000	根据气候条件
渗水系数(mL/min)	≤120	

6.4.2 70 号基质沥青 AC-16C 型沥青混合料配合比设计

1)原材料性能指标

70 号基质沥青生产厂家为湖北国创高新材料股份有限公司(表 6-6),集料为河南荥阳贾峪产的石灰岩(表6-7、表6-8),矿粉产为河南新乡辉县产的石灰岩矿粉(表6-9)。

70号基质沥青试验结果 表6-6

试验项目	单 位	技术要求	检测结果
针入度(25℃,100g,5s)	0.1mm	60~80	74.8
延度(5cm/min,15℃)	cm	≥100	>100
软化点(环球法)	℃	≥46	54
密度(15℃)	g/cm³	实测记录	1.03
检测结论		合格	

粗集料表观密度试验结果 表6-7

粒径(mm)	16~19	13.2~16	9.5~13.2	4.75~9.5	2.36~4.75
测定值(g/cm³)	2.757	2.753	2.741	2.744	2.757

细集料表观密度试验结果 表6-8

粒径(mm)	1.18~2.36	0.6~1.18	0.3~0.6	0.15~0.3	0.075~0.15
测定值(g/cm³)	2.763	2.718	2.730	2.739	2.725

石灰岩矿粉技术性质试验结果 表6-9

指标	试验结果	规范要求
表观相对密度(g/cm³)	2.71	≥2.50
外观	无团粒结块	无团粒结块
0.075mm通过率(%)	75.6	≥75

2)级配设计及最佳油石比确定

按照《公路沥青路面施工技术规范》(JTG F40—2004)中AC-16的级配要求,同时满足粗型级配要求,即2.36mm通过率小于38%,基质沥青AC-16C型混合料级配设计结果见表6-10和图6-1。

70号基质沥青AC-16配合比设计 表6-10

筛孔尺寸(mm)	单料筛分					合成级配	级配中值	级配下限	级配上限
	10~20	5~10	机制砂	米石	矿粉				
	通过率(%)								
	41	24	28	4	3				
19	100.0	100	100	100	100	100.0	100	100	100
16	76.6	100	100	100	100	90.4	95	90	100

续上表

筛孔尺寸(mm)	单料筛分					合成级配	级配中值	级配下限	级配上限
	10~20	5~10	机制砂	米石	矿粉				
	通过率(%)								
	41	24	28	4	3				
13.2	49.9	100	100	100	100	79.5	84	76	92
9.5	12.2	98	100	100	100	63.5	70	60	80
4.75	0.1	14.8	94.5	100	100	37.1	48	34	62
2.36	0.1	0.3	65.5	70.3	100	24.3	34	20	48
1.18	0.1	0.3	46.2	2.8	100	16.2	24.5	13	36
0.6	0.1	0.3	30.1	0.1	100	11.5	17.5	9	26
0.3	0.1	0.3	16.7	0.1	100	7.8	12.5	7	18
0.15	0.1	0.3	11.4	0.1	95.3	6.2	9.5	5	14
0.075	0.1	0.3	7.2	0.1	75.6	4.4	6	4	8

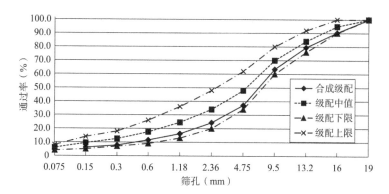

图 6-1 70 号基质沥青 AC-16 配合比设计曲线

选取 3.8%~5.8% 油石比范围,按 0.5% 的间隔变化,分别制作 5 组马歇尔试件,每组 5 个试样,测得各自油石比下的最大理论密度、实际密度、空隙率、沥青饱和度、稳定度和流值,综合考虑后计算得出最佳油石比为 4.4%。

6.4.3 SBS 改性沥青 AC-16C 型沥青混合料配合比设计

1) 原材料性能指标

集料、矿粉和 70 号基质沥青配合比相同,SBS 改性沥青为中石化长岭炼油厂

"东海牌"SBS I-D 沥青,试验结果见表6-11。

"东海牌"SBS I-D 沥青试验结果　　　　　表6-11

试验项目	单位	技术要求	检测结果
针入度(25℃,100g,5s)	0.1mm	40~60	54
延度(5cm/min,5℃)	cm	≥20	29
软化点(环球法)	℃	≥60	75
密度(15℃)	g/cm³	实测记录	1.033
检测结论		合格	

2)级配设计和最佳油石比确定

按照《公路沥青路面施工技术规范》(JTG F40—2004)中 AC-16 的级配要求,同时满足粗型级配要求,即 2.36mm 通过率小于38%,级配曲线同上述70号基质沥青 AC-16 配合比曲线,见表6-12和图6-2。

SBS 改性沥青 AC-16 配合比设计　　　　　表6-12

筛孔尺寸(mm)	单料筛分 10~20	单料筛分 5~10	单料筛分 机制砂	单料筛分 米石	单料筛分 矿粉	合成级配	级配中值	级配下限	级配上限
	通过率(%)								
	41	24	28	4	3				
19	100.0	100	100	100	100	100.0	100	100	100
16	76.6	100	100	100	100	90.4	95	90	100
13.2	49.9	100	100	100	100	79.5	84	76	92
9.5	12.2	98	100	100	100	63.5	70	60	80
4.75	0.1	14.8	94.5	100	100	37.1	48	34	62
2.36	0.1	0.3	65.5	70.3	100	24.3	34	20	48
1.18	0.1	0.3	46.2	2.8	100	16.2	24.5	13	36
0.6	0.1	0.3	30.1	0.1	100	11.5	17.5	9	26
0.3	0.1	0.3	16.7	0.1	100	7.8	12.5	7	18
0.15	0.1	0.3	11.4	0.1	95.3	6.2	9.5	5	14
0.075	0.1	0.3	7.2	0.1	75.6	4.4	6	4	8

第6章 布敦岩沥青改性沥青混合料路用性能研究

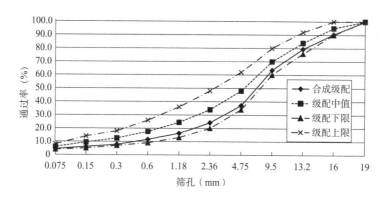

图 6-2 SBS 改性沥青 AC-16C 配合比设计曲线

选取 3.8%~5.8% 油石比范围，按 0.5% 的间隔变化，分别制作 5 组马歇尔试件，每组 5 个试样，测得各自油石比下的最大理论密度、实际密度、空隙率、沥青饱和度、稳定度和流值。综合考虑后计算得出最佳油石比为 4.6%。

6.4.4 BRA 改性沥青 AC-16C 型沥青混合料配合比设计

1）原材料性能指标

基质沥青、矿粉、粗集料和细集料和 70 号基质沥青 AC-16C 型混合料相同，布敦岩沥青由湖南布敦岩环保科技发展有限公司提供，技术指标见第 2 章相关内容。

2）配合比设计和油石比确定

根据前文分析的布敦岩沥青的改性机理——布敦岩沥青本质上是一种物理改性剂，在改性过程中有两个方面作用，即对基质沥青进行改性和作为填料加入沥青混合料。根据这一特性，同时考虑 BRA 颗粒的大小、灰分颗粒的大小、BRA 在基质沥青中的形态和 BRA 颗粒对级配干涉作用的影响，采用前面所述的改进型折减法进行配合比设计，即将灰分作为一档集料参与级配设计，灰分可以等量代替部分矿粉和部分 0~3mm 集料。BRA 采用干法改性方式，根据相关资料，BRA 的掺量宜为未掺加岩沥青前沥青混合料总质量的 2%~5%[83]（也满足湿法改性岩沥青的掺量）。根据初定岩沥青用量，结合灰分在岩沥青中的比重，灰分参与级配设计，替代同等比例的矿粉和细集料，不改变原矿料级配（未掺加岩沥青前的矿料级配），经过反复调整、计算，确定 AC-16C 的合成级配，根据经验 3% 的掺量为中心，进行 2.5%、3% 和 3.5% 掺量的级配设计，合成级配见表 6-13~表 6-15 和图 6-3~图 6-5。

BRA 改性沥青 AC-16C 配合比设计（BRA 掺量 3%） 表6-13

筛孔尺寸(mm)	单料筛分						合成级配	级配中值	级配下限	级配上限
	10~20	5~10	机制砂	米石	灰分	矿粉				
	通过率(%)									
	41	24	28	3	2.13	1.87				
19	100.0	100	100	100	100	100	100.0	100	100	100
16	76.6	100	100	100	100	100	90.4	95	90	100
13.2	49.9	100	100	100	100	100	79.5	84	76	92
9.5	12.2	98	100	100	100	100	63.5	70	60	80
4.75	0.1	14.8	94.5	100	100	100	37.1	48	34	62
2.36	0.1	0.3	65.5	70.3	100	100	24.6	34	20	48
1.18	0.1	0.3	46.2	2.8	98.81	100	17.1	24.5	13	36
0.6	0.1	0.3	30.1	0.1	96.45	100	12.5	17.5	9	26
0.3	0.1	0.3	16.7	0.1	90.57	100	8.6	12.5	7	18
0.15	0.1	0.3	11.4	0.1	73.66	95.3	6.7	9.5	5	14
0.075	0.1	0.3	7.2	0.1	39.92	75.6	4.4	6	4	8

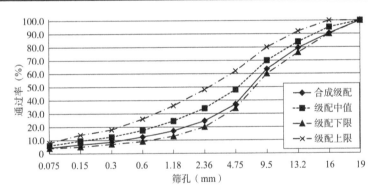

图6-3 BRA 改性沥青 AC-16C 配合比设计曲线（BRA 掺量 3%）

BRA 改性沥青 AC-16C 配合比设计表（BRA 掺量 2.5%） 表6-14

筛孔尺寸(mm)	单料筛分						合成级配	级配中值	级配下限	级配上限
	10~20	5~10	机制砂	米石	灰分	矿粉				
	通过率(%)									
	41.0	24.0	28.0	3.2	1.78	2.02				
19	100.0	100	100	100	100	100	100.0	100	100	100

续上表

筛孔尺寸(mm)	单料筛分						合成级配	级配中值	级配下限	级配上限
	10~20	5~10	机制砂	米石	灰分	矿粉				
	通过率(%)									
	41.0	24.0	28.0	3.2	1.78	2.02				
16	76.6	100	100	100	100	100	90.4	95	90	100
13.2	49.9	100	100	100	100	100	79.5	84	76	92
9.5	12.2	98	100	100	100	100	63.5	70	60	80
4.75	0.1	14.8	94.5	100	100	100	37.1	48	34	62
2.36	0.1	0.3	65.5	70.3	100	100	24.5	34	20	48
1.18	0.1	0.3	46.2	2.8	98.81	100	16.9	24.5	13	36
0.6	0.1	0.3	30.1	0.1	96.45	100	12.3	17.5	9	26
0.3	0.1	0.3	16.7	0.1	90.57	100	8.4	12.5	7	18
0.15	0.1	0.3	11.4	0.1	73.66	95.3	6.5	9.5	5	14
0.075	0.1	0.3	7.2	0.1	39.92	75.6	4.4	6	4	8

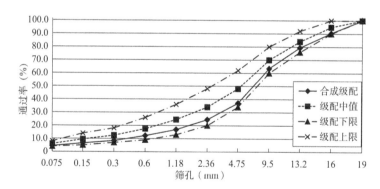

图6-4 BRA改性沥青AC-16C配合比设计曲线(BRA掺量2.5%)

BRA改性沥青AC-16C配合比设计表(BRA掺量3.5%) 表6-15

筛孔尺寸(mm)	单料筛分						合成级配	级配中值	级配下限	级配上限
	10~20	5~10	机制砂	米石	灰分	矿粉				
	通过率(%)									
	41.0	24.0	28.0	2.96	2.49	1.55				
19	100.0	100	100	100	100	100	100.0	100	100	100
16	76.6	100	100	100	100	100	90.4	95	90	100

续上表

筛孔尺寸(mm)	单料筛分						合成级配	级配中值	级配下限	级配上限
	10~20	5~10	机制砂	米石	灰分	矿粉				
	通过率(%)									
	41.0	24.0	28.0	2.96	2.49	1.55				
13.2	49.9	100	100	100	100	100	79.5	84	76	92
9.5	12.2	98	100	100	100	100	63.5	70	60	80
4.75	0.1	14.8	94.5	100	100	100	37.1	48	34	62
2.36	0.1	0.3	65.5	70.3	100	100	24.6	34	20	48
1.18	0.1	0.3	46.2	2.8	98.81	100	17.1	24.5	13	36
0.6	0.1	0.3	30.1	0.1	96.45	100	12.5	17.5	9	26
0.3	0.1	0.3	16.7	0.1	90.57	100	8.6	12.5	7	18
0.15	0.1	0.3	11.4	0.1	73.66	95.3	6.6	9.5	5	14
0.075	0.1	0.3	7.2	0.1	39.92	75.6	4.3	6	4	8

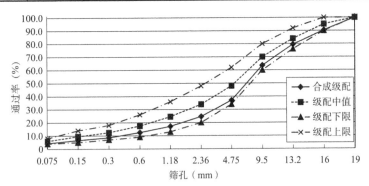

图6-5 BRA改性沥青AC-16C配合比设计曲线(BRA掺量3.5%)

对同一BRA掺量的BRA改性沥青混合料分别进行不同基质沥青用量的马歇尔试验和路用性能试验,结果见表6-16。

BRA改性沥青混合料性能试验结果　　表6-16

混合料类型	BRA掺量(%)	基质沥青最佳油石比(%)	动稳定度(次/mm)	稳定度(kN)	残留稳定度(%)
AC-16C	2.5	4.5	3738	13.4	90.4
	3.0	4.6	4446	14.5	93.1
	3.5	4.6	4538	14.9	94.0

从表 6-16 可以看出，BRA 掺量从 2.5% 到 3.5%，随着掺量的提高，基质沥青的用量逐步增大，增加到一定程度之后基本稳定，同时沥青混合料的性能数据，如高温性能和水稳定性也呈现同样的规律。因此，从经济性和技术特性两个方面综合考虑，BRA 改性沥青 AC-16C 型混合料的最佳油石比为 4.6%，此时 BRA 的用量为 3%（外掺）。

6.5 BRA 改性沥青混合料路用性能

6.5.1 高温性能试验

沥青路面处于自然环境中，使用过程中在高温或者长时间荷载的作用下，沥青混合料会产生变形，其中不可恢复部分即为车辙。车辙的产生存在多种原因，如交通渠化、混合料高温性能不足、施工过程中空隙率控制不够等。车辙病害已经是高等级公路严重的早期病害之一，影响道路的交通安全，近年来道路工作者对沥青路面的车辙问题越来越重视，进行了大量的研究。

目前常用的评价沥青混合料抵抗永久变形的办法有三轴试验、轴向应力试验、SHRP 简单剪切试验、室内车辙板试验和现场试验路加速加载试验等。目前国内主要用室内车辙板试验来评价，采用车辙板成型仪进行测试，如图 6-6 所示。

《公路工程沥青及沥青混合料试验规程》（JTG E20—2011）中规定，采用轮碾法成型 300mm × 300mm × 50mm 标准试件，试验温度为 60℃，橡胶轮按试件成型时的碾压方向行走，轮压采用 0.7MPa ±0.05MPa，速度控制为 42 次/min ± 1 次/min，试验控制时间为 60min。三种沥青混合料车辙试验结果见表 6-17。

图 6-6 车辙板成型仪

动稳定度数据一览　　　　　　　　　表 6-17

沥青混合料类型	动稳定度（次/mm）				
	1	2	3	平均值	要求
AC-16C 70 号基质沥青混合料（油石比 4.4%）	2345	2175	2218	2246	≥1000

续上表

沥青混合料类型	动稳定度(次/mm)				
	1	2	3	平均值	要求
AC-16C 布敦岩沥青改性沥青混合料(油石比4.6%,布敦岩沥青掺量为混合料质量的3%)	4416	4521	4400	4446	≥3000
AC-16C SBS 改性沥青混合料(油石比4.6%)	4185	3947	4150	4094	≥2800

注:布敦岩沥青3%掺量是指相对掺加前的沥青混合料的质量比。

根据表6-17中动稳定度绘制不同类型混合料动稳定度对比图,如图6-7所示。

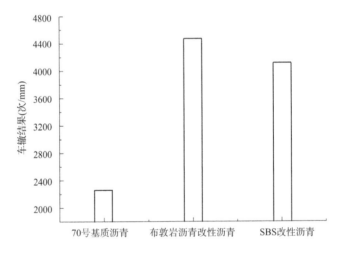

图6-7 沥青混合料车辙结果(次/mm)

根据表6-17和图6-7中60℃车辙试验结果,可知三种混合料均满足规范要求,布敦岩沥青改性沥青混合料(3%掺量)和SBS改性沥青的AC-16C沥青混合料的动稳定度分别是基质沥青混合料的1.98倍、1.82倍,表明布敦岩沥青能有效提高混合料的高温性能。同时,在最优掺配比例下,布敦岩沥青改性沥青混合料(3%掺量)的动稳定度也大于SBS改性沥青混合料,布敦岩沥青改性沥青混合料(3%掺量)的高温性能优于SBS改性沥青混合料。从高温性能来看,BRA改性沥青混合料适用于《公路沥青路面施工技术规范》(JTG F40—2004)中"夏季炎热区中1-3和1-4气候分区"的要求。

6.5.2 水稳定性能试验

水损坏是沥青路面另外一种早期病害形式,是指处于自然环境中的沥青路面,在水或冻融循环下,水侵入集料和沥青的界面上,由于动水压力的冲刷,沥青膜从集料表面剥落,从而出现松散、坑槽等病害。水损坏既影响沥青路面的形象,也影响路面的运行安全和路面的耐久性。

浸水马歇尔试验和冻融劈裂试验是我国目前采用的评价沥青混合料的水稳定性的试验方法。

根据《公路工程沥青及沥青混合料试验规程》(JTG E20—2011)的试验方法,对 AC-16C 基质沥青混合料、AC-16C BRA 改性沥青混合料和 AC-16C SBS 改性沥青混合料进行浸水马歇尔试验和冻融劈裂试验。试验结果汇总于表 6-18 和表 6-19。

浸水马歇尔试验结果　　　　　　　　　　　　　　表 6-18

混合料类型	马歇尔稳定度（kN）	浸水马歇尔稳定度（kN）	残留稳定度 S_0（%）	残留稳定度规范要求（%）
AC-16C 基质沥青混合料（油石比4.4%）	11.3	10.2	90.3	≥80
AC-16C 布敦岩沥青改性沥青混合料（油石比4.6%,布敦岩沥青掺量3%）	14.5	13.5	93.1	≥85
AC-16 CSBS 改性沥青混合料（油石比4.4%）	13.4	12.6	94.0	≥85

冻融劈裂试验结果　　　　　　　　　　　　　　表 6-19

混合料类型	无条件劈裂强度（MPa）	条件劈裂强度（MPa）	TSR（%）	TSR 技术要求（%）
AC-16C 基质沥青混合料（油石比4.4%）	0.88	0.73	83.0	≥75
AC-16C 布敦岩沥青改性沥青混合料（油石比4.6%,布敦岩沥青掺量3%）	1.20	1.05	87.5	≥80
AC-16C SBS 改性沥青混合料（油石比4.6%）	1.07	0.93	86.9	≥80

根据表 6-18 和表 6-19 可知：

(1)三种混合料的残留稳定度均满足规范要求。马歇尔稳定度的排序为：BRA 改性沥青混合料(BRA 掺量 3%) > SBS 改性沥青混合料 > 基质沥青混合料,浸水马歇尔稳定度大小排序与马歇尔稳定度的一致。三种混合料的残留稳定度排序为：SBS 改性沥青混合料 > BRA 改性沥青混合料(BRA 掺量 3%) > 基质沥青混合料,混合料加入 BRA 后,马歇尔稳定度、浸水马歇尔稳定及残留稳定度均得到了显著提高。BRA 改性沥青混合料满足施工技术规范《公路沥青路面施工技术规范》(JTG F40—2004)中改性沥青的要求。

(2)三种混合料的冻融劈裂强度比均满足规范要求。BRA 改性沥青混合料能够较大程度地提高基质沥青混合料的无条件劈裂强度、条件劈裂强度和劈裂强度。其排序为：BRA 改性沥青混合料(BRA 掺量 3%) > SBS 改性沥青混合料 > 基质沥青混合料。在冻融劈裂试验各项指标中,BRA 改性沥青混合料均略高于 SBS 改性沥青混合料。

(3)综合上述两点可知,BRA 改性沥青混合料(BRA 掺量 3%)的残留稳定度和冻融劈裂强度较基质沥青混合料均有较大幅度的提高,和 SBS 改性沥青混合料差别不大,即布敦岩沥青掺入后对沥青混合料的水稳定性有明显的改善,可以达到 SBS 改性沥青的水准。根据水稳定性指标要求,这表明布敦岩沥青改性沥青混合料适用于《公路沥青路面施工技术规范》(JTG F40—2004)中"潮湿区"的要求。

6.5.3 低温性能试验

低温开裂也是沥青路面破坏的主要形式之一。通常来讲,低温开裂的原因有两种：一种是沥青路面长时间在冷热循环的作用下,沥青胶结料氧化、轻质组分挥发,对应混合料的应力松弛能力下降,相应极限拉应变减小,当温度应力大于沥青混凝土的极限抗拉强度时产生温缩裂缝；另一种是温度骤降,这在南方地区偶尔也会出现,当沥青混凝土内部产生温度应力超过沥青混合料的极限抗拉强度时,路面亦会开裂。沥青混凝土出现温缩裂缝后,雨水会沿裂缝渗入结构层,从而影响整个路面结构的承载能力和耐久性。

国内主要采用低温弯曲小梁破坏试验进行混合料低温抗裂性能研究,具体步骤为将轮碾成型的板块切割成尺寸为 250mm × 30mm × 35mm 条形小梁试件,在 $-10℃$、加载频率为 50mm/min 条件下进行混合料低温破坏性能研究,试验结果见表 6-20。

第6章 布敦岩沥青改性沥青混合料路用性能研究

小梁低温弯曲试验分析数据　　　　表 6-20

混合料种类	最大弯拉破坏应变（$\mu\varepsilon$）	备注
AC-16C 基质沥青混合料（油石比 4.4%）	2389.5	≥2000
AC-16C 布敦岩沥青改性沥青混合料（油石比 4.6%，布敦岩沥青掺量 3%）	2281.0	≥2000
AC-16C SBS 改性沥青混合料（油石比 4.6%）	2896.2	≥2500

对表 6-20 进行分析,可以得出以下结论。

(1)弯拉破坏时产生的应变越大,其低温性能越好,三种沥青混合料在破坏时产生的应变情况为:SBS 改性沥青混合料 > 基质沥青混合料 > BRA 改性沥青混合料(BRA 掺量 3%),即 BRA 改性沥青混合料低温性能在三种沥青混合料中排在最后。

(2)布敦岩沥青改性沥青混合料(布敦岩沥青掺量 3%)低温性能虽然不如 SBS 改性沥青混合料,但仅比基质沥青略低,低温弯曲应变仍大于 2000$\mu\varepsilon$。故可得出:通过合理的混合料设计,布敦岩沥青改性沥青混合料仍可以在一定地区使用,适用于《公路沥青路面施工技术规范》(JTG F40—2004)中"冬冷区和冬温区"的要求。

6.6　BRA 改性沥青混合料疲劳性能

6.6.1　概述

疲劳破坏是指材料在低于极限强度的应力或应变的作用下发生的破坏现象。随着汽车轴载的加重和交通量的增长,沥青路面越来越易发生疲劳开裂。对于沥青混合料,四点弯曲疲劳试验是常用的沥青混合料疲劳试验方法。

应变控制模式与应力控制模式是以往常用的加载模式。应变控制模式是通过控制试验中荷载的大小来保证试件底部的应变幅值或者试件中心挠度为定值,在疲劳试验过程中,沥青混合料的强度逐渐减小,定义试件的蠕变劲度折减为初始值的 50% 时的荷载作用次数为疲劳寿命。应力控制模式是保持加载的应力不变,试件的强度随着循环荷载次数的增多而减小,定义当试件不能承受应力的作用发生断裂时的循环作用次数为疲劳寿命。

综合考虑,应力控制模式和半刚性基层沥青路面受力情况更一致,故采用应力控制模式进行疲劳试验。

6.6.2 试验方案

疲劳试验方案和控制指标如下:

(1)采用应力控制模式。

(2)采用频率为10Hz、连续式半正矢波形加载。

(3)选用0.3、0.4、0.5和0.6四种应力水平进行疲劳试验。

(4)控制试验温度为15℃±1℃,试验前在该温度下保温4h以上,在MTS配套恒温箱中进行试验。

(5)试验材料为SBS改性沥青混合料、BRA改性沥青混合料(BRA掺量3%)、70号基质沥青混合料。

6.6.3 试验结果分析

利用MTS材料试验系统分别进行基质沥青混合料、BRA改性沥青混合料(掺量3%)与SBS改性沥青混合料的四点弯曲疲劳试验,试验温度为15℃,试验数据见表6-21~表6-23。

基质沥青混合料疲劳试验结果　　　　表6-21

应力比 t	应力 σ (MPa)	破坏荷载 F_{max}(N)	序号	N_f(次)	N_f(次) 平均值	N_f(次) 标准差	D_{ef} 变异系数
0.3	0.914	0.416	1	276861	247784	94238	0.281
			2	246744			
			3	219746			
0.4	1.367	0.632	1	28621	27534	3037	0.110
			2	29824			
			3	24067			
0.5	1.820	0.794	1	1728	2049	501	0.244
			2	2626			
			3	1792			
0.6	2.732	1.227	1	929	888	29	0.044
			2	942			
			3	794			

第6章 布敦岩沥青改性沥青混合料路用性能研究

布敦岩沥青改性沥青混合料（掺量3%）疲劳试验结果　　表6-22

应力比 t	应力 σ (MPa)	破坏荷载 F_{max} (N)	序号	N_f (次)	N_f (次) 平均值	N_f (次) 标准差	D_{cf} 变异系数
0.3	0.976	0.43	1	626827	586398	53334	0.091
			2	606415			
			3	525951			
0.4	1.476	0.65	1	57505	56324	3245	0.058
			2	52654			
			3	58813			
0.5	1.966	0.866	1	8249	8161	285	0.035
			2	8393			
			3	7843			
0.6	2.951	1.3	1	1511	1476	73	0.049
			2	1392			
			3	1525			

SBS改性沥青混合料疲劳试验结果　　表6-23

应力比 t	应力 σ (MPa)	破坏荷载 F_{max} (N)	序号	N_f (次)	N_f (次) 平均值	N_f (次) 标准差	D_{cf} 变异系数
0.3	1.09	0.48	1	539613	528233	28724	0.054
			2	495563			
			3	549524			
0.4	1.63	0.72	1	59327	52970	5512	0.104
			2	50063			
			3	49521			
0.5	2.18	0.96	1	4304	4582	328	0.072
			2	4499			
			3	4944			
0.6	3.27	1.44	1	1309	1267	43	0.034
			2	1268			
			3	1224			

本书进行的疲劳试验为应力控制的加载方式，基于Chaboche提出的一种疲劳损伤演化方程式：

$$\frac{dD}{dN} = [1-(1-D)^{1+\gamma}]^{\alpha} \left[\frac{\sigma}{M(1-D)}\right]^{\gamma} \quad (6-1)$$

将式(6-1)积分,并令 $N = N_f$ 时,$D(N) = 1$,可得 N_f 的方程为:

$$N_f = \frac{1}{(1+\gamma)(1-\alpha)} \left(\frac{\sigma}{M}\right)^{-\gamma} \quad (6-2)$$

式中,σ 为应力幅值;M,α 和 γ 为与温度、应力幅值等相关的材料参数。

令 $k = \frac{M^{\gamma}}{(1+\gamma)(1-\alpha)}$,$n = \gamma$,将式(6-2)变换为:

$$N_f = k\left(\frac{1}{\sigma}\right)^n \quad (6-3)$$

式中,N_f 为试件破坏时的加载次数;k,n 为与沥青混合料的成分和特性相关的常数;σ 为应力水平。

将式(6-2)变换得:

$$N_f = \frac{1}{(1+\gamma)(1-\alpha)}\left(\frac{\sigma}{M}\right)^{-\gamma} = \frac{S_t^{-\gamma}}{(1+\gamma)(1-\alpha)M^{-\gamma}}\left(\frac{1}{t}\right)^{\gamma} \quad (6-4)$$

令 $k = \frac{S_t^{-\gamma}}{(1+\gamma)(1-\alpha)M^{-\gamma}}$,$n = \gamma$,将式(6-4)变换为:

$$N_f = k\left(\frac{1}{t}\right)^n \quad (6-5)$$

式中,S_t 为静载强度值;t 为应力比,$\sigma = S_t t$。

将式(6-3)和式(6-5)变形可得:

$$\lg N_f = \lg k - n \lg t \quad (6-6)$$

式(6-6)即为广泛采用的疲劳方程表达形式,即所谓的 S-N 疲劳方程。

根据式(6-6),将表6-21~表6-23中的试验结果用双对数回归,拟合曲线如图6-8所示,拟合参数见表6-24。

基于应力比的疲劳方程拟合参数 表6-24

沥青混合料类型	k	n	R^2
70号基质沥青混合料	8.51	6.08	0.91
布敦岩沥青改性沥青混合料(掺量3%)	9.00	15.28	0.99
SBS改性沥青混合料	8.96	12.65	0.99

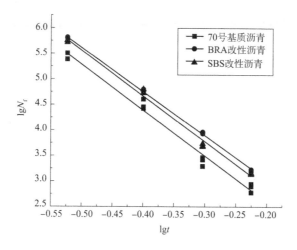

图 6-8 疲劳寿命试验结果回归

参数 k、n 即为双对数坐标系中直线的截距和斜率。n 值越大,疲劳曲线越陡,疲劳寿命对应力比变化越敏感;k 值越大,疲劳曲线线位越高,疲劳性能越好。

由表 6-24 中疲劳方程拟合参数可知:

(1)基于应力比的变化,BRA 改性沥青混合料(掺量 3%)和 SBS 改性沥青混合料疲劳性能相当,两者均明显优于 70 号基质沥青混合料。

(2)BRA 改性沥青混合料(掺量 3%)与 SBS 改性沥青混合料疲劳方程拟合参数 k、n 值相差不大,BRA 改性沥青混合料(掺量 3%)对应力比变化最敏感。

6.7 本章小结

(1)分析了干法改性工艺和湿法改性工艺的优缺点,结合布敦岩沥青自身的特性和改性机理,提出布敦岩沥青添加应采用干法改性工艺。

(2)结合干法改性工艺、布敦岩沥青的特性及布敦岩沥青的改性机理,对现有的布敦岩沥青改性沥青混合料配合比设计方法进行了比较,分析了其优缺点,提出采用"改进型折减法"作为布敦岩沥青改性沥青混合料的配合比设计方法。

(3)对胶结料为 70 号基质沥青、SBS 改性沥青和 BRA 改性沥青(掺量 3%)的 AC-16C 型沥青混合料进行了高温、水稳定性、低温和疲劳性能研究。结果显示:布敦岩沥青改性沥青混合料(掺量 3%)具有优异的高温稳定性、水稳定性和疲劳性能,上述性能和 SBS 改性沥青混合料相当,均明显优于 70 号基质沥青混合料。

BRA改性沥青混合料(掺量3%)的低温性能不如SBS改性沥青混合料,比70号基质沥青混合料的低温性能略差,但是仍能满足一定的使用条件。

根据BRA改性沥青混合料的高温、水稳定性、低温和疲劳性能,提出布敦岩沥青适用于规范《公路沥青路面施工技术规范》(JTG F40—2004)中"夏季炎热区中1-3和1-4气候分区""潮湿区"和"冬冷区及冬温区"。

第7章 布敦岩沥青改性沥青低温性能改善

7.1 BRA/SBR复合改性沥青制备

通过对BRA改性沥青低温性能的分析可知,BRA虽然可显著提升基质沥青的高温性能,但也会削弱基质沥青的低温性能。为了改变较大掺量下BRA改性沥青低温性能不佳的状况,本章主要对其低温性能的提升进行研究。SBR在沥青中可起到预防裂纹扩展的作用,提高沥青的韧性,从而改善沥青的抗裂性能[104-106]。因此,本章采用SBR对BRA改性沥青的低温性能进行提升。

7.1.1 改性沥青制备原材料

丁苯橡胶(SBR)是合成橡胶中产量最大的品种,占合成橡胶总量的60%以上,是最早工业化合成的橡胶。丁苯橡胶是丁二烯与苯乙烯的单体在一定的温度、压力与催化剂的作用下,通过乳液聚合或溶液聚合而得到的共聚物。它是一种浅褐色的弹性体,有苯乙烯气味。常用的有粉状和乳状的SBR。

1)SBR1502胶粉

SBR1502胶粉是在丁苯橡胶的基础上接枝其他单体,添加防老剂和隔离剂,专为改性沥青生产的一种粉末丁苯橡胶,它除了具有SBR显著改善沥青的低温性能特点外,也能明显改善沥青的高温性能。本章采用天津市明基金泰橡塑制品加工有限公司生产的丁苯橡胶,材料的物理技术性能见表7-1,后文简称SBRI型。

SBR 1502 物理技术指标　　　　表7-1

试验项目	试验方法	技术要求	试验结果
颜色	目测法	白色粉末状	乳白色
丁二烯含量(%)	GB 12824—91	68~71	70
门尼黏度 ML(1+4)100℃	GB 12824—91	50~53	52

续上表

试验项目	试验方法	技术要求	试验结果
细度通过(%)	GB 12824—91	10目或20目	100
苯乙烯(%)	GB 12824—91	23.5	23.5
挥发(%)	GB 12824—91	0.8	0.2
灰分(%)	GB 12824—91	≤8	7.5
拉伸强度(MPa)	GB 8655—88	26	26.5
扯断伸长率(%)	GB 8655—88	≥500	540
皂含量(%)	GB 12824—91	0.5	0.15
有机酸含量(%)	GB 12824—91	6.3	6.3

2)SBR 胶乳

本章采用天津市明基金泰橡塑制品加工有限公司生产的 GM-1040SBR 胶乳，其物理技术指标见表 7-2，后文简称 SBRI 型。

GM-1040 丁苯橡胶物理技术指标　　　　表 7-2

外观	淡黄色胶体	外观	淡黄色胶体
黏度(25℃,mPa·s)	70000	密度(g/cm^3)	0.92
固体含量(%)	60	平均分子量(g/mol)	50000

7.1.2　BRA/SBR 复合改性沥青制备工艺研究

1)BRA/SBR I 复合改性沥青制备工艺

(1)将 AH-70 基质沥青置于 150℃烘箱中加热,恒温 1h。

(2)将基质沥青从烘箱内取出,将其放置在电子万用炉上,插入温度计,控制温度在 160～170℃,用高速剪切仪剪切基质沥青,转速先设定为 1000r/min,依照试验中拟定的掺量称取 SBR 胶粉,然后缓慢少量分多次将 SBR 胶粉加入。待胶粉全部加入基质沥青后,将转速调至 3000r/min,使 SBR 胶粉均匀分散于基质沥青中。

(3)将筛分好的 BRA 按拟定配比加入,剪切 30min。

2)BRA/SBR II 复合改性沥青制备工艺

(1)将 AH-70 基质沥青置于 150℃烘箱中加热,恒温 1h。

(2)在 160～170℃下,先将基质沥青用玻璃棒搅拌 30min。再用高速剪切仪进行剪切,剪切转速先设定为 1000r/min。依照试验中拟定的掺比计算所需的液体丁苯橡胶,待液体丁苯橡胶全部加入基质沥青后,将转速调至 3000r/min,使 SBR 胶乳均匀分散于基质沥青中。

（3）将筛分好的 BRA 按拟定配比加入,剪切 30min。

3）BRA/SBR 复合改性沥青制备工艺优化

为制备出性能优良的 BRA/SBR 复合改性沥青,根据实践经验以 BRA/SBR 与沥青共混时的剪切时间(A)、剪切温度(B)、剪切速率(C)和 BRA 掺量(D)为影响因素,以 10℃延度、15℃针入度等常规指标为依据,分别以 BRA+5%SBR 胶粉改性沥青和 BRA+5%SBR 胶乳改性沥青为研究对象进行正交试验,研究 BRA/SBR 复合改性沥青制备工艺。为简化试验,因素取三个水平,见表 7-3。

因 素 水 平 表 7-3

水 平	因 素			
	剪切时间(h)	剪切温度(℃)	剪切速率(r/min)	BRA 掺量(%)
1	0.5	150	2000	15
2	1.0	160	3000	20
3	1.5	170	4000	25

BRA+5%SBR 胶粉改性沥青和 BRA+5%SBR 胶乳改性沥青的正交试验结果见表 7-4 和表 7-5。因本书研究是针对布敦岩沥青改性沥青的低温性能进行改性,故以低温指标为主要依据。结果分析见表 7-6 和表 7-7。

BRA/SBR I 复合改性沥青试验方案与试验结果 表 7-4

试验号	因 素				10℃延度 (cm)	软化点 (℃)	15℃针入度 (0.1mm)
	剪切时间 (h)	剪切温度 (℃)	剪切速率 (r/min)	BRA 掺量 (%)			
1	1(0.5)	1(150)	1(2000)	1(15)	11.1	61.8	22.1
2	1	2(160)	2(3000)	2(20)	4.7	64.3	17.1
3	1	3(170)	3(4000)	3(25)	0.7	68.2	13.4
4	2(1)	1	2	3	0.8	67.5	13.8
5	2	2	3	1	10.8	62.4	22.2
6	2	3	1	2	4.1	64.5	16.9
7	3(1.5)	1	3	2	4.3	64.1	17.2
8	3	2	1	3	0.6	67.4	13.6
9	3	3	2	1	10.6	63.1	21.7

BRA/SBR II 复合改性沥青试验方案与试验结果 表7-5

试验号	因素				10℃延度 (cm)	软化点 (℃)	15℃针入度 (0.1mm)
	剪切时间 (h)	剪切温度 (℃)	剪切速率 (r/min)	BRA掺量 (%)			
1	1(1)	1(150)	1(2000)	1(15)	13.8	52.8	28.1
2	1	2(160)	2(3000)	2(20)	5.8	56.4	22.1
3	1	3(170)	3(4000)	3(25)	1.2	58.5	18.6
4	2(1.5)	1	2	3	1.2	58.4	19.3
5	2	2	3	1	13.5	53.7	27.8
6	2	3	1	2	5.2	56.9	21.5
7	3(2)	1	3	2	5.3	56.1	22.8
8	3	2	1	3	0.9	59	18.3
9	3	3	2	1	13.1	54.1	27.1

BRA/SBR I 复合改性沥青结果分析 表7-6

指标		剪切时间(h)	剪切温度(℃)	剪切速率(r/min)	BRA掺量(%)
10℃延度 (cm)	K_1	16.5	16.2	15.8	32.5
	K_2	15.7	16.1	16.1	13.1
	K_3	15.5	15.4	15.8	2.1
	k_1	5.50	5.40	5.27	10.83
	k_2	5.23	5.37	5.37	4.37
	k_3	5.17	5.13	5.27	0.70
	极差R	1.0	0.8	0.3	30.4
	因素主次	BRA掺量	剪切时间	剪切温度	剪切速率
	优选方案	1	1	1	2
软化点 (℃)	K_1	194.3	193.4	193.7	187.3
	K_2	194.4	194.1	194.9	192.9
	K_3	194.6	195.8	194.7	203.1
	k_1	64.77	64.47	64.57	62.43
	k_2	64.80	64.70	64.97	64.30
	k_3	64.87	65.27	64.90	67.70
	极差R	0.3	2.4	1.2	15.8
	因素主次	BRA掺量	剪切温度	剪切速率	剪切时间
	优选方案	1	1	1	1

续上表

指标		剪切时间(h)	剪切温度(℃)	剪切速率(r/min)	BRA掺量(%)
15℃ 针入度 (0.1mm)	K_1	52.6	53.1	52.6	66
	K_2	52.9	52.9	52.6	51.2
	K_3	52.5	52	52.8	40.8
	k_1	17.53	17.70	17.53	22.00
	k_2	17.63	17.63	17.53	17.07
	k_3	17.50	17.33	17.60	13.60
	极差 R	0.4	1.1	0.2	25.2
	因素主次	BRA掺量	剪切温度	剪切时间	剪切速率
	优选方案	1	1	2	3

由表7-6的极差大小可知,不同因素对指标的影响程度是不同的,因此强行把4个因素对3个指标的主次顺序统一起来是不可行的。

由表7-6可知,不同因素所对应的优选方案不同,因此需对试验结果采用综合平衡法进行分析[107]。

剪切时间(因素A):针对BRA/SBRⅠ复合改性沥青的10℃延度和软化点,合适水平都是A_1,且剪切时间是影响10℃延度第二重要的因素,因此选择A_1。

剪切温度(因素B):针对BRA/SBRⅠ复合改性沥青的10℃延度和软化点,剪切温度是次要因素,两个试验指标的合适水平都是B_1,故选B_1。

剪切速率(因素C):针对BRA/SBRⅠ复合改性沥青的10℃延度和15℃针入度,剪切速率是最次要的因素。而软化点和15℃针入度的合适水平都是C_1,故选C_1。

BRA掺量(因素D):针对BRA/SBRⅠ复合改性沥青的10℃延度、软化点和15℃针入度,BRA掺量是最主要的影响因素。对于10℃延度和软化点,均取D_1;对于15℃针入度取D_2。基于最少耗材的原则,都选取D_1。

综上分析,BRA/SBRⅠ复合改性沥青的最佳制备条件为:剪切时间为30min、剪切速率为2000r/min、剪切温度为150℃和BRA掺量为15%。

对表的极差和$K_i(k_i)$进行分析可知:

剪切时间(因素A):对于BRA/SBRⅡ复合改性沥青的10℃延度和软化点,合适水平均为A_1,且剪切时间是影响10℃延度第二重要的因素,因此选择A_1。

剪切温度(因素B):对于BRA/SBRⅡ复合改性沥青的10℃延度和软化点,剪切温度均为第二重要的因素,两个试验指标的合适水平都是B_1,故选B_1。

BRA/SBR Ⅱ 复合改性沥青结果分析 表7-7

指标		剪切时间(h)	剪切温度(℃)	剪切速率(r/min)	BRA 掺量(%)
10℃延度(cm)	K_1	20.8	20.3	19.9	40.4
	K_2	19.9	20.2	20.1	16.3
	K_3	19.3	19.5	20	3.3
	k_1	6.93	6.77	6.63	13.47
	k_2	6.63	6.73	6.70	5.43
	k_3	6.43	6.50	6.67	1.10
	极差 R	1.5	0.8	0.2	37.1
	因素主次	BRA 掺量	剪切时间	剪切温度	剪切速率
	优选方案	1	1	1	2
软化点(℃)	K_1	167.7	167.3	168.7	160.6
	K_2	169	169.1	168.9	169.4
	K_3	169.2	169.5	168.3	175.9
	k_1	55.90	55.77	56.23	53.53
	k_2	56.33	56.37	56.30	56.47
	k_3	56.40	56.50	56.10	58.63
	极差 R	1.5	2.2	0.6	15.3
	因素主次	BRA 掺量	剪切温度	剪切速率	剪切时间
	优选方案	1	1	3	1
15℃针入度(0.1mm)	K_1	68.8	70.2	67.9	83
	K_2	68.6	68.2	68.5	66.4
	K_3	68.2	67.2	69.2	56.2
	k_1	22.93	23.40	22.63	27.67
	k_2	22.87	22.73	22.83	22.13
	k_3	22.73	22.40	23.07	18.73
	极差 R	0.6	3.0	1.3	26.8
	因素主次	BRA 掺量	剪切温度	剪切时间	剪切速率
	优选方案	1	1	1	3

剪切速率(因素 C):对于 BRA/SBR Ⅱ 复合改性沥青的 10℃延度和 15℃针入度,剪切速率均为最次要的因素。而软化点和 15℃针入度的合适水平都是 C_3,故选 C_3。

BRA 掺量(因素 D):对于 BRA/SBR Ⅱ 复合改性沥青的 10℃ 延度、软化点和 15℃ 针入度,BRA 掺量均为最主要的影响因素。对于 10℃ 延度和软化点,均取 D_1;对于 15℃ 针入度,取 D_2。基于最少耗材的原则,都选取 D_1。

综上分析,BRA/SBR Ⅱ 复合改性沥青的最佳制备条件为:剪切时间为 30min、剪切速率为 4000r/min、剪切温度为 150℃ 和 BRA 掺量为 15%。

7.2 BRA/SBR 复合改性沥青常规性能

7.2.1 针入度

道路沥青的针入度是沥青稠度的一种表示方法,代表沥青的流变学性能,实质上表示的是测试温度下沥青的黏度。对于高软化点沥青,针入度也表示沥青的软硬程度,针入度越小表明沥青越硬。本节分别对两种 BRA/SBR 复合改性沥青进行针入度试验(BRA 掺量为 15%),结果分别见表 7-8 和表 7-9。

BRA/SBR Ⅰ 复合改性沥青针入度 表 7-8

试验项目		单位	SBR Ⅰ 掺量(%)					
			0	2	4	5	6	8
针入度	15℃	0.1mm	15.6	16.4	17.0	17.7	18.4	17.4
	25℃		39.0	41.5	38.8	36.2	35.2	33.8
	30℃		64.5	62.3	61	56.6	52.3	45.9
PI			-0.149	0.190	0.558	1.260	2.012	2.450
$T_{1,2}$		℃	-12.16	-14.30	-16.19	-19.95	-24.44	-26.25
T_{800}		℃	56.86	58.32	60.48	64.89	69.85	73.91

由表 7-8 可知,随着 SBR Ⅰ 掺量的增加,BRA/SBR Ⅰ 复合改性沥青的 15℃ 针入度逐步增加。在 15℃ 时,SBR Ⅰ 掺量为 2%、4%、5%、6% 和 8% 的 BRA/SBR Ⅰ 复合改性沥青针入度比 BRA 改性沥青的针入度分别增加 5.13%、8.97%、13.46%、17.95% 和 11.54%。

由表 7-9 可知,随着 SBR Ⅱ 的增加,BRA/SBR Ⅱ 复合改性沥青的针入度逐步增加。在 15℃ 时,SBR Ⅰ 掺量为 2%、4%、5%、6% 和 8% 的 BRA/SBR Ⅱ 复合改性沥青针入度比 BRA 改性沥青的针入度分别增加 12.82%、18.59%、30.77%、44.23% 和 58.97%。

BRA/SBRⅡ复合改性沥青针入度试验结果 表 7-9

试验项目		单位	SBRⅡ掺量(%)					
			0	2	4	5	6	8
针入度	15℃	0.1mm	15.6	17.6	18.5	20.4	22.5	24.8
	25℃		39.0	41.4	43.4	48	57.5	63.8
	30℃		64.5	69.1	71.9	79	84.3	89.3
PI			−0.149	0.127	0.173	0.185	0.239	0.406
$T_{1,2}$		℃	−12.16	−14.58	−15.35	−16.51	−18.12	−20.15
T_{800}		℃	56.86	57.37	57.09	56.06	55.04	54.84

SBRⅠ和SBRⅡ都会使BRA改性沥青的当量脆点降低,但掺加SBRⅠ比SBRⅡ的效果显著。SBRⅠ掺量为2%、4%、5%、6%和8%的BRA/SBRⅠ复合改性沥青当量脆点比BRA改性沥青的当量脆点分别降低2.14℃、4.03℃、7.79℃、12.28℃和14.09℃。SBRⅡ掺量为2%、4%、5%、6%和8%的BRA/SBRⅡ复合改性沥青当量脆点比BRA改性沥青的当量脆点分别降低2.42℃、3.19℃、4.35℃、5.96℃和7.99℃。

随着SBRⅠ的增加,BRA/SBRⅠ复合改性沥青的当量软化点增加。SBRⅠ掺量为2%、4%、5%、6%和8%的BRA/SBRⅠ复合改性沥青当量软化点比BRA改性沥青的当量软化点分别增加1.46℃、3.62℃、8.03℃、12.99℃和17.05℃。随着SBRⅡ的增加,BRA/SBRⅡ复合改性沥青的当量软化点先增加后降低。SBRⅡ掺量为2%和4%的BRA/SBRⅡ复合改性沥青当量软化点比BRA改性沥青的当量软化点分别增加0.51℃和0.23℃,掺量为5%、6%和8%的BRA/SBRⅡ复合改性沥青当量软化点降低0.8℃、1.82℃和2.02℃。

7.2.2 软化点

软化点常用于评价沥青的高温稳定性,沥青的软化点是反映沥青感温性的指标,也是黏度的一种量度。软化点高意味着等黏温度高,混合料的高温稳定性也好。道路沥青具备适度的软化点,可以保证在较高的环境温度和有车辆行驶的条件下,沥青路面不产生形变。本书中软化点试验依照规程 T 0606—2011 的要求进行两次平行试验,将两次试验得到的软化点平均值精确到0.5℃,试验所得数据见表7-10和表7-11,软化点随掺量的变化曲线如图7-1所示。

第7章 布敦岩沥青改性沥青低温性能改善

BRA/SBR Ⅰ 复合改性沥青软化点　　　表7-10

项　目	单位	SBR Ⅰ 掺量(%)					
		0	2	4	5	6	8
平行试验1	℃	61.2	65.1	66.7	67.3	67.4	68.2
平行试验2		61.5	65.4	66.3	66.9	67.8	67.9
均值		61.4	65.3	66.5	67.0	67.6	68.0

BRA/SBR Ⅱ 复合改性沥青软化点　　　表7-11

项　目	单位	SBR Ⅱ 掺量(%)					
		0	2	4	5	6	8
平行试验1	℃	61.2	62.3	63.8	63.3	62.7	63.2
平行试验2		61.5	62.5	63.6	63.1	63.1	62.8
均值		61.4	62.4	63.7	63.2	62.9	63.0

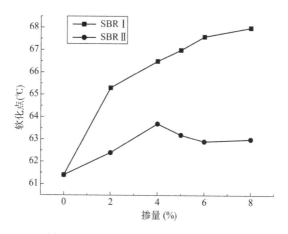

图7-1　BRA/SBR 复合改性沥青软化点对比

由表7-10可知,掺入 SBR 可略微提高 BRA 改性沥青的高温稳定性能。掺入2%、4%、5%、6%和8%的 SBR 胶粉后(胶粉掺量也前后不一致,掺加量应该是2%、4%、5%、6%和8%),BRA/SBR Ⅰ 复合改性沥青的软化点相比 BRA 改性沥青分别提高了1.5℃、2℃、2.5℃和2.5℃。由图7-1可知,当 SBR 胶粉掺量超过6%后,BRA/SBR Ⅰ 复合改性沥青软化点逐渐稳定。由表7-11可知,掺入 SBR 胶乳会降低沥青的高温性能,刚开始 BRA 改性沥青的软化点分别提高3℃、4.5℃、5℃和5.5℃。然而当超过4%时,软化点呈现降低的趋势。总体而言,SBR 胶粉与 BRA 复合改性沥青的高温性能优于 SBR 胶乳与 BRA 复合改性沥青,且随着掺量增加,两者软化点差值越明显。

7.2.3 延度

沥青的延度表示沥青在一定的温度下拉伸至断裂前的变形能力,是道路沥青最重要的指标之一。有些国家的道路沥青标准并不设延度指标,也有些人认为延度指标没有什么意义[108]。虽然对沥青延度指标还有异议,但是大量的统计结果显示,沥青的延度高,沥青的低温变形能力大,沥青路面不易开裂,低温下的延度对沥青使用性能的影响尤为明显,因而最新的高等级道路沥青标准中增加了10℃的延度指标。沥青的延度与其组成有很大的关系,其大小表征沥青各组分之间的配伍性或胶活性[109]。

本节采用10℃延度来研究掺入SBR Ⅰ和SBR Ⅱ改性后两种BRA/SBR复合改性沥青的低温拉伸性能(表7-12和表7-13)。其使用仪器如图7-2所示。

BRA/SBR Ⅰ 复合改性沥青 10℃延度试验结果 表7-12

试验项目	单位	SBR Ⅰ 掺量(%)					
		0	2	4	5	6	8
10℃延度	cm	5.14	7.28	10.23	12.18	14.55	13.78

BRA/SBR Ⅱ 复合改性沥青 10℃延度试验结果 表7-13

试验项目	单位	SBR Ⅱ 掺量(%)					
		0	2	4	5	6	8
10℃延度	cm	5.14	9.73	13.18	16.87	19.45	20.61

图7-2 延度仪

由表7-12可知,掺入BRA/SBR Ⅰ 复合可有略微提高沥青的低温性能。在SBR胶粉掺量分别为2%、4%、5%和6%时,延度分别提高2.14cm、5.09cm、7.04cm和9.41cm。在掺入8%的SBR胶粉时,低温延度开始降低,这是因为胶粉过多,不能均匀分散于改性沥青中,导致局部应力集中而易发生断裂。

由表7-13可知,掺入SBR Ⅱ 可有效提高沥青的低温性能,且随着掺量的增加效果越好。在SBR胶乳掺量分别为2%、4%、5%、6%和8%时,延度分别提高4.59cm、8.04cm、11.73cm、14.31cm和15.47cm,可见SBR胶乳对BRA改性沥青延度的改善效果优于SBR胶粉。

7.2.4 短期老化性能试验

沥青短期老化通常发生在沥青拌和和铺筑过程中,与沥青在沥青罐储存、沥青池加热过程中的老化不同,虽然该老化过程所需时间较短,但沥青受热温度高,与空气接触面积大,因而老化速率较快。旋转式薄膜加热试验和薄膜加热试验都是模拟与集料进行热拌和过程中呈薄膜状态的道路沥青受到高温和空气的作用,发生一系列物理化学反应,最终导致沥青硬化的短期老化实验,如图 7-3 所示。短期老化试验是对硬化后的沥青的各种性能进行测试,并与未进行老化处理的沥青进行性能对比,试验本身并没有直接获得任何数据,用于考查沥青的热老化性以及老化前后沥青的黏附性、流动性以及化学组成的变化[110]。

图 7-3 薄膜烘箱及试样

沥青短期老化试验流程如下:将 50g 沥青试样放入直径为 140mm、深 9.5mm 的不锈钢盛样盘中,沥青膜的厚度为 3.2mm,在 163℃±1℃ 通风烘箱中以 5.5r/min±1r/min 的转速旋转,试验经过 5h 后,测定沥青的质量变化、25℃ 针入度等性质指标,分别见表 7-14 和表 7-15。

BRA/SBR I 改性沥青短期老化试验结果　　表 7-14

指　　标		SBR I 掺量(%)					
		0	2	4	5	6	8
质量损失(%)		0.318	0.283	0.249	0.205	0.163	0.112
针入度 (0.1mm)	老化前	39.0	41.5	38.8	36.2	35.2	33.8
	老化后	29.1	31.9	31.4	30.6	30.5	30.1
	比值(%)	74.6	76.9	80.9	84.5	86.6	89.1

BRA/SBRⅡ改性沥青短期老化试验结果　　　表7-15

指　　标		SBRⅡ掺量(%)					
		0	2	4	5	6	8
质量损失(%)		0.318	0.247	0.161	0.054	-0.032	-0.101
针入度 (0.1mm)	老化前	39.0	41.4	43.4	48.0	57.5	63.8
	老化后	29.1	31.2	33.5	37.7	44.6	48.7
	比值(%)	74.6	75.4	77.2	78.5	77.6	76.3

由表7-14可知,随着SBRⅠ掺量增加,BRA/SBRⅠ复合改性沥青的质量损失减小,残留针入度增加,表明SBRⅠ可改善BRA改性沥青的短期抗老化性能。由表7-15可知,随着SBRⅡ掺量增加,BRA/SBRⅡ复合改性沥青的质量损失先减小后增大,残留针入度先增大后减小,表明掺入SBRⅡ会降低BRA改性沥青抗老化性能,且随着掺量的增加老化程度加剧。

7.3　BRA/SBR复合改性沥青SHRP试验性能研究

本节依据美国SHRP提出的沥青结合料性能测试方法对两种BRA/SBR复合改性沥青进行试验,从沥青的施工和易性、高温性能、低温性能、耐老化性能和抗疲劳性能等方面进行综合对比,进一步分析SBR对BRA改性沥青性能的优化效果,选择合适的橡胶改性剂和合适的改性剂掺量。

7.3.1　BRA/SBR复合改性沥青旋转黏度分析

布氏黏度计通过测量在液体内旋转转子所需的扭矩来检测黏度。在给定黏度条件下,黏滞阻力与转子尺寸、转速有关。对于任意型号的黏度计,转子越大,转速越高,黏度量程越小;转子越小,转速越低,黏度量程越大。本研究采用布氏黏度计来测定两种BRA/SBR复合改性沥青的旋转黏度,如图7-4所示。试验温度取了4个温度,分别为135℃,145℃,165℃和175℃。转子的大小和转子的转速都可根据扭矩的读数确定,要求扭矩介于10%~98%。转子的大小还可根据所得数据与转子量程的比值来进行选择。在测试时所得数据不宜过小或过大,基本介于转子量程的10%~80%为宜。试验中的转速设定为10r/min。试验结果分别见表7-16和表7-17。

a)黏度计　　　　　　　　b)转子

图 7-4　布氏黏度计与转子

BRA/SBR Ⅰ 改性沥青布氏旋转黏度结果　　　　　　表 7-16

$T(℃)$	SBR Ⅰ 掺量(%)					
	0	2	4	5	6	8
135	0.638	0.737	1.021	1.358	1.728	1.968
145	0.385	0.469	0.681	0.816	0.946	1.141
165	0.169	0.217	0.284	0.318	0.365	0.455
175	0.119	0.133	0.187	0.238	0.297	0.329

BRA/SBR Ⅱ 改性沥青布氏旋转黏度结果　　　　　　表 7-17

$T(℃)$	SBR Ⅱ 掺量(%)					
	0	2	4	5	6	8
135	0.638	0.625	0.617	0.591	0.562	0.584
145	0.385	0.357	0.339	0.318	0.297	0.284
165	0.169	0.143	0.135	0.126	0.117	0.106
175	0.119	0.112	0.106	0.097	0.085	0.092

由表 7-16 可知,掺入 SBR 胶粉后,BRA 改性沥青的布氏旋转黏度增大。在 135℃时,SBR Ⅰ 掺量为 2%,4%,5%,6% 和 8% 的 BRA/SBR Ⅰ 复合改性沥青旋转黏度比 BRA 改性沥青的旋转黏度分别高且 SBR 掺量增加时影响更为明显。由表 7-17 可知,掺入 SBR 胶乳可使布氏旋转黏度降低,且随着掺量的增加复合改性沥青和易性逐渐变好。

测定 4 个试验温度下复合改性沥青的旋转黏度后,可通过式(7-1)进行拟合,得到相应的黏温曲线,见表 7-18 和表 7-19。其中的 m 为沥青研究中用于判定沥青感温性能的指标,即黏温指数(VTS)。其通常采用式(7-2),将135℃和175℃的黏度代入进行计算。本书 VTS 采用统计学的方法进行线性回归拟合得到,相比通常的方法,可靠性较好[111]。

$$\lg\lg(\eta \times 1000) = n - m\lg(T + 273.13) \tag{7-1}$$

$$VTS = \frac{\lg\lg(\eta_1 \times 1000) - \lg\lg(\eta_2 \times 1000)}{\lg(T_1 + 273.13) - \lg(T_2 + 273.13)} \tag{7-2}$$

BRA/SBR Ⅰ 改性沥青黏温曲线拟合结果　　　　　表7-18

指标	SBR Ⅰ 掺量(%)					
	0	2	4	5	6	8
m	3.214	3.1395	3.0191	3.0137	2.9496	2.9016
n	8.8383	8.6559	8.3633	8.3635	8.2075	8.0919
R^2	0.9999	0.9940	0.9976	0.9972	0.9881	0.9984

BRA/SBR Ⅱ 改性沥青黏温曲线拟合结果　　　　　表7-19

指标	SBR Ⅱ 掺量(%)					
	0	2	4	5	6	8
m	3.214	3.3852	3.4811	3.6012	3.7984	3.7589
n	8.8383	9.282	9.5306	9.8412	10.3532	10.2485
R^2	0.9999	0.9939	0.9927	0.9938	0.9970	0.9760

对表7-18和表7-19进行分析可知,随着掺入 SBR 胶粉掺量的增加,BRA/SBR Ⅰ 复合改性沥青的黏温指数 VTS 减小,温度敏感性降低,高温稳定性提高。而 BRA/SBR Ⅱ 复合改性沥青的黏温指数 VTS 随着 SBR 胶乳掺量的增加而增大,感温性能提升,高温稳定性下降。

7.3.2　BRA/SBR 复合改性沥青中高温剪切流变性能分析

动态剪切流变仪(DSR)是为测定沥青在高温和中温区(>5℃)的温度敏感性设计的,通过此项试验可以对沥青的黏弹性质进行测定,从而评价沥青在线性黏弹区域中抵抗剪切破坏的能力。动态剪切流变仪是将沥青试样夹在一个能顺逆转动的板和一个固定板之间,经振荡板来回旋转,形成周期循环剪切。由于沥青稠度不同,移动板所需的力矩也大不一样。沥青越稠,所需的力矩越大。

此试验所测定物理量为沥青胶结料的复数剪切模量 G^* 和相位角 δ。复数剪切模量 G^* 是沥青在负载下抵抗变形能力或劲度的度量,是峰间剪切应力 τ 的与峰间剪切应变 γ 的绝对值的比值;相位角 δ 为施加的正弦应力(变)和由此产生的正弦应变(力)问的相位差;复数剪切模量 G^* 由实部储存剪切模量 G' 和虚部损失剪切模量 G'' 组成[112]。

$$G^* = G' + G''i \tag{7-3}$$

损失剪切模量 G' 表示沥青在变形过程中能量的损失,即变形中不可恢复的部分,代表了沥青模量的黏性成分。$G^* \cdot \sin\delta$ 越大,表示荷载作用下的剪切损失越快,储存的部分(可以释放)越少。

$$G' = G^* \cdot \sin\delta \tag{7-4}$$

储存剪切模量 G'' 为沥青在负载周期中所储存的能量,代表了复数模量的弹性成分。

$$G'' = G^* \cdot \cos\delta \tag{7-5}$$

在 Superpave 沥青胶结料性能规范中,沥青的高温等级就是利用动态剪切流变仪测得沥青胶结料的高温性能指标 $G^*/\sin\delta$ 来划分的,共划分为 PG46、PG52、PG58、PG64、PG70、PG76、PG82 共 7 个等级。车辙因子 $G^*/\sin\delta$ 反映沥青材料的永久变形性能,其值越大,表示高温时的剪切变形越小,抗车辙能力越强。

1) 基于 DSR 试验 BRA/SBR 复合改性沥青高温性能分析

本书采用 Anton Paar 公司的 SmartPave 沥青动态剪切流变仪(图 7-5)对两种 BRA/SBR 复合改性沥青短期老化前后的高温性能进行测试,试验起始温度定为 40℃,初始记录温度为 46℃ 或 52℃,以 6℃ 为间隔记录数据,得到改性沥青在 PG 性能等级温度下的复数模量、相位角和车辙因子,数据参见表 7-20 ~ 表 7-23 和图 7-6 ~ 图 7-9。试验结果的评价指标为车辙因子 $G^*/\sin\delta$,未老化的原样沥青要求不得小于 1kPa,短期老化后的沥青试样不得小于 2kPa。

图 7-5 SmartPave 动态剪切流变仪及水冷循环装置

BRA/SBR I 复合改性沥青 TFOT 前 DSR 试验结果　　　表7-20

试验指标	温度(℃)	SBR I 掺量(%)					
		0	2	4	5	6	8
G^* (kPa)	46	62.59	68.36	77.47	93.81	107.57	120.31
	52	17.66	21.22	25.97	31.65	35.66	45.17
	58	7.23	8.72	10.74	13.24	15	18.79
	64	3.22	3.89	4.82	5.99	6.82	8.46
	70	1.54	1.85	2.32	2.9	3.31	4.07
	76	0.78	0.94	1.18	1.48	1.69	2.07
	82	—	—	0.63	0.79	0.91	1.1
	88	—	—	—	—	—	0.61
$\delta(°)$	46	75.2	68.1	64.8	60.4	58.3	56.5
	52	78.2	72.8	69.6	65.4	63.4	61.4
	58	80.9	77	73.7	69.7	67.5	65.4
	64	83.1	80.4	77.2	73.3	70.9	68.7
	70	85	83.2	79.9	76.2	73.4	71.2
	76	86.5	85.4	82	78.3	75.1	72.9
	82	—	—	83.4	79.8	75.9	73.8
	88	—	—	—	—	—	74
$G^*/\sin\delta$ (kPa)	46	64.74	73.68	85.62	107.89	126.43	144.28
	52	18.04	22.21	27.7	34.81	39.88	51.45
	58	7.32	8.95	11.19	14.12	16.23	20.66
	64	3.25	3.94	4.95	6.26	7.22	9.08
	70	1.55	1.87	2.35	2.98	3.45	4.29
	76	0.79	0.94	1.19	1.51	1.75	2.16
	82	—	—	0.63	0.81	0.94	1.15
	88	—	—	—	—	—	0.63

第7章 布敦岩沥青改性沥青低温性能改善

BRA/SBR Ⅰ 复合改性沥青 TFOT 后 DSR 试验结果　　表 7-21

试验指标	温度(℃)	SBR Ⅰ 掺量(%)					
		0	2	4	5	6	8
G^* (kPa)	52	26.67	34.97	42.06	48.32	53.28	60.11
	58	12.3	13.44	18.01	19.92	23.08	25.62
	64	4.89	5.57	6.82	8.21	9.76	12.69
	70	2.22	2.57	3.28	4.06	4.83	5.85
	76	1.08	1.35	1.68	2.04	2.4	2.97
	82	—	—	—	—	1.32	1.51
$\delta(°)$	52	78	71.5	67.7	64	60.2	59.4
	58	80.5	75.8	71.6	68.4	65.3	63.8
	64	82.7	79.4	74.6	72	69.5	67.4
	70	84.4	82.4	76.9	74.9	72.8	70.2
	76	85.8	84.8	78.5	77.1	75.1	72.2
	82	—	—	—	—	76.6	73.4
$G^*/\sin\delta$ (kPa)	52	27.27	36.88	45.46	53.76	61.4	69.83
	58	12.47	13.86	18.98	21.42	25.4	28.55
	64	4.93	5.67	7.07	8.63	10.42	13.75
	70	2.23	2.59	3.37	4.21	5.06	6.22
	76	1.08	1.36	1.71	2.09	2.48	3.12
	82	—	—	—	—	1.36	1.58

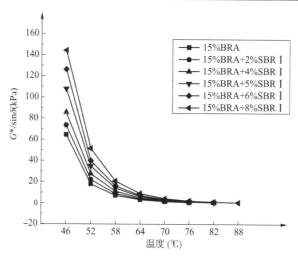

图 7-6　BRA/SBR Ⅰ 复合改性沥青 TFOT 前车辙因子与温度的关系曲线

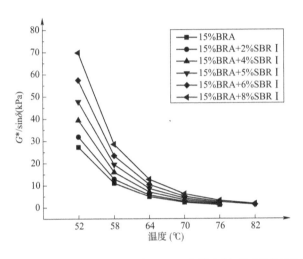

图 7-7　BRA/SBRⅠ复合改性沥青 TFOT 后车辙因子与温度的关系曲线

由表 7-20 可知,老化前 BRA/SBRⅠ复合改性沥青在 SBRⅠ为 2%、4%、5%、6% 和 8% 时,64℃ 剪切复数模量相比 BRA 改性沥青分别增加 20.8%、49.7%、86.0%、111.8% 和 162.7%,相位角相比 BRA 改性沥青分别降低 3.2%、7.1%、11.8%、14.7% 和 17.3%,车辙因子相比 BRA 改性沥青分别增加 21.2%、52.3%、92.6%、122.2% 和 179.4%。

由表 7-21 可知,老化后 BRA/SBRⅠ复合改性沥青在 SBRⅠ为 2%、4%、5%、6% 和 8% 时,剪切复数模量降低相比 BRA 改性沥青分别增加 14.8%、40.3%、68.9%、100.8% 和 142.4%,相位角相比 BRA 改性沥青分别降低 4.0%、9.8%、12.9%、16.0% 和 18.5%,车辙因子相比 BRA 改性沥青分别增加 15.7%、44.3%、76.1%、112.7% 和 160.2%。

对比表 7-20 和表 7-21 的数据,老化后的 BRA/SBRⅠ复合改性沥青在 SBRⅠ为 2%、4%、5%、6% 和 8% 时,相比未老化的 BRA 改性沥青,车辙因子分别增加 50.8%、43.9%、42.8%、37.9% 和 37.6%,增幅下降。这表明 BRA/SBRⅠ复合改性沥青抗老化性能增加,即 SBR 胶粉可提高 BRA 改性沥青的抗短期老化性能。

由老化后的高温性能评价指标 $G^*/\sin\delta \geqslant 2.2$ kPa 可知,老化后的 BRA/SBRⅡ复合改性沥青在 SBR 胶乳为 2%、4%、5%、6% 和 8% 时,其高温等级分别为 70、70、70、76 和 76,高温等级增加,由此可见 SBR 胶粉可以提升 BRA 改性沥青的高温性能等级。

第7章 布敦岩沥青改性沥青低温性能改善

BRA/SBRⅡ复合改性沥青 TFOT 前 DSR 试验结果 表 7-22

试验指标	温度(℃)	SBRⅡ掺量(%)					
		0	2	4	5	6	8
G^* (kPa)	46	62.59	65.5	68.46	60.15	51.47	40.44
	52	17.66	20.73	22.41	17.94	14.79	10.82
	58	7.23	8.3	8.58	7.14	5.88	4.28
	64	3.22	3.63	3.75	3.11	2.56	1.86
	70	1.54	1.71	1.77	1.46	1.20	0.87
	76	0.78	0.85	0.88	0.73	0.61	—
$\delta(°)$	46	75.2	75.6	77.2	79.8	81.9	82.3
	52	78.2	78.5	79.9	82.3	83.9	84.9
	58	80.9	81.0	82.1	84.2	85.5	86.7
	64	83.1	83.0	83.8	85.5	86.7	87.9
	70	85	84.5	85.0	86.3	87.4	87.3
	76	86.5	85.6	85.6	86.5	87.7	—
G^* (kPa)	46	64.74	67.62	70.2	61.12	51.99	40.81
	52	18.04	21.15	22.76	18.1	14.87	10.86
	58	7.32	8.41	8.66	7.18	5.9	4.29
	64	3.25	3.66	3.78	3.12	2.56	1.86
	70	1.55	1.72	1.77	1.46	1.20	0.87
	76	0.79	0.86	0.89	0.73	0.61	—

BRA/SBRⅡ复合改性沥青 TFOT 后 DSR 试验结果 表 7-23

试验指标	温度(℃)	SBRⅡ掺量(%)					
		0	2	4	5	6	8
G^* (kPa)	46	72.64	88.09	95.89	80.20	72.34	61.62
	52	26.67	31.71	34.74	28.99	26.03	22.14
	58	10.9	12.72	14.03	11.68	10.44	8.88
	64	4.86	5.58	6.18	5.14	4.58	3.89
	70	2.32	2.63	2.93	2.43	2.16	1.83
	76	1.18	1.32	1.47	1.22	—	—

续上表

试验指标	温度(℃)	SBR Ⅱ 掺量(%)					
		0	2	4	5	6	8
δ(°)	46	82.3	82.07	89.4	79.6	68.16	59.87
	52	26.67	28.91	31.22	28.67	23.17	17.79
	58	12.3	12.53	13.09	11.08	9.66	8.18
	64	4.89	5.53	6.08	4.98	4.34	3.63
	70	2.22	2.62	2.74	2.37	2.17	1.8
	76	1.08	1.16	1.4	1.26	—	—
$G^*/\sin\delta$ (kPa)	46	85.16	89.42	100.16	92.96	84.14	73.82
	52	27.27	30.49	33.74	31.9	26.7	20.67
	58	12.47	12.93	13.79	11.92	10.63	9.12
	64	4.93	5.63	6.31	5.24	4.63	3.93
	70	2.23	2.64	2.81	2.45	2.17	1.91
	76	1.08	1.16	1.43	1.29	—	—

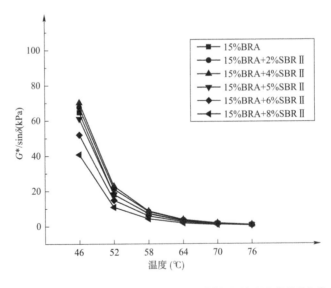

图 7-8 BRA/SBR Ⅱ 复合改性沥青 TFOT 后车辙因子与温度的关系曲线

第7章 布敦岩沥青改性沥青低温性能改善

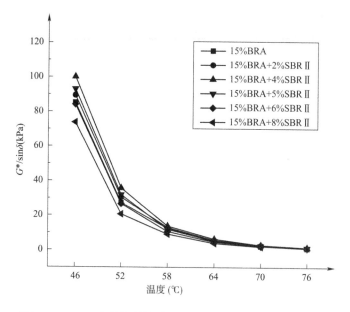

图 7-9 BRA/SBR Ⅱ 复合改性沥青 TFOT 后车辙因子与温度的关系曲线

由表 7-22 可知，老化前 BRA/SBR Ⅱ 复合改性沥青在 SBR 胶乳为 2%、4%、5%、6% 和 8% 时，64℃剪切复数模量降低相比 BRA 改性沥青分别增加 12.7%、16.5% 和降低 3.4%、20.5% 和 42.2%。64℃相位角相比 BRA 改性沥青分别增加 1.0%、2.0%、1.4% 和 1.4%，64℃车辙因子相比 BRA 改性沥青分别增加 12.6%、16.3% 和降低 4.0%、21.2% 和 42.8%。这表明老化前 BRA/SBR Ⅱ 复合改性沥青的高温性能随胶乳掺量的增加先增加后降低。

由表 7-23 可知，老化后 BRA/SBR Ⅱ 复合改性沥青在 SBR Ⅱ 为 2%、4%、5%、6% 和 8% 时，64℃剪切复数模量降低相比 BRA 改性沥青分别增加 13.1%、24.3%、1.8% 和降低 11.2%、25.8%，64℃相位角相比 BRA 改性沥青分别降低 4.0%、9.8%、12.9%、16.0% 和 18.5%，64℃车辙因子相比 BRA 改性沥青分别增加 14.2%、28.0%、6.3% 和降低 6.1%、20.3%。这表明老化后 BRA/SBR Ⅱ 复合改性沥青的高温性能随胶乳掺量的增加先增加后降低。

对比表 7-22 和表 7-23 的数据，老化后的 BRA/SBR Ⅱ 复合改性沥青在 SBR Ⅱ 为 2%、4%、5%、6% 和 8% 时，相比未老化的 BRA 改性沥青，64℃车辙因子明显分别增加 53.8%、66.9%、67.9%、80.9% 和 111.3%，车辙因子增长幅度变大。这表明随着 SBR 胶乳掺量的增加，复合改性沥青短期老化性能逐渐降低。

由老化后的高温性能评价指标 $G^*/\sin\delta \geq 2.2$ kPa 可知，老化后的 BRA/SBR Ⅱ

复合改性沥青在 SBR 胶乳为 2%、4%、5%、6% 和 8% 时，其高温等级分别为 70、70、70、64 和 64，高温等级降低。因此，需控制 SBR 胶乳的掺量在 5% 左右，避免 BRA 改性沥青的高温性能下降过大。

沥青温度敏感性常用沥青针入度指数 PI 和黏温指数 VTS 来评价。沥青针入度指数 PI 是通过测定沥青在 15℃、25℃ 和 30℃ 的针入度再经过回归计算得到，该计算体系所用温度区间过小因而并不能反映沥青在高温下的敏感性。布氏黏度试验表征沥青温度敏感性的指标 VTS 仅可表征沥青在拌和及压实过程中的温度敏感性能，其试验温度较高也无法评定沥青路面使用过程中高温的敏感性。

我国大部分地区沥青路面温度在夏季通常最高可达 60℃ 左右，而 DSR 研究沥青高温性能时的试验温度与路面最高温度范围大致相同，因此利用该区段沥青的高温性能指标 $G^*/\sin\delta$ 来研究沥青的温度稳定性能比黏度试验和针入度试验更符合工程实际[113]。对车辙因子随温度变化的数据变化进行分析后，发现两者符合式(7-6)的拟合关系，两种 BRA/SBR 改性沥青 TFOT 后拟合结果见表 7-24 和表 7-25。

$$\lg \frac{G^*}{\sin\delta} = a\lg T + b \tag{7-6}$$

BRA/SBR I 改性沥青 TFOT 后 DSR 试验拟合结果　　表 7-24

指标	SBR I 掺量(%)					
	0	2	4	5	6	8
a	-8.6419	-8.5330	-8.4262	-8.3427	-8.3034	-8.2370
b	16.2971	16.1756	16.0877	16.0187	16.0234	15.9847
R^2	0.9989	0.999	0.9977	0.9989	0.9994	0.9996
T_C(℃)	70.2	71.7	73.9	75.7	77.4	79.3

BRA/SBR II 改性沥青 TFOT 后 DSR 试验拟合结果　　表 7-25

指标	SBR II 掺量(%)					
	0	2	4	5	6	8
a	-8.6419	-8.5275	-8.4238	-8.5558	-8.5682	-8.5598
b	16.2971	16.1348	15.9984	16.1825	16.1494	16.0588
R^2	0.9989	0.9991	0.9997	0.9996	0.9991	0.9967
T_C(℃)	70.2	71.1	72.2	71.0	69.9	68.5

第7章 布敦岩沥青改性沥青低温性能改善

由表 7-24 和表 7-25 可知,两种改性沥青短期老化后的 DSR 试验数据在式(7-6)下的相关性较好,即式(7-6)符合车辙因子 $G^*/\sin\delta$ 随温度的变化规律。利用拟合公式计算改性沥青的高温连续分级温度后,发现 BRA/SBR Ⅰ 复合改性沥青的高温连续分级温度均随 SBR 胶粉的掺入而降低,BRA/SBR Ⅱ 改性沥青的高温连续分级温度均随 SBR 胶乳的掺入而降低。式(7-6)中的参数 a 反映沥青的车辙因子 $G^*/\sin\delta$ 随温度变化的快慢,可用于分析沥青的温度敏感性。BRA/SBR Ⅰ 复合改性沥青随着 SBR 胶粉掺量增加,感温性参数 a 随之减小,表明 SBR 胶粉可使 BRA/SBR Ⅰ 复合改性沥青的温度敏感性减小。而 BRA/SBR Ⅱ 复合改性沥青随着 SBR 胶乳掺量增加,感温性参数 a 随之增大,表明 SBR 胶乳可增大 BRA/SBR Ⅱ 复合改性沥青的温度敏感性,导致复合改性沥青高温性能不佳。

在 ASTM D7643—16 中按照式(7-7)来计算沥青车辙因子连续高温分级温度,也就是认为车辙因子的对数与温度存在较好的相关性,从而进行内插求车辙因子连续高温分级温度。本节进行试验数据分析后发现,车辙因子与温度的双对数相关性系数 R_1^2 大于车辙因子的对数与温度的相关性系数 R_2^2。为此,查阅了相关文献的 DSR 试验数据,并对上述两种拟合关系利用 Excel 中的 Correlation 函数进行相关性计算,将结果列于表 7-26～表 7-28。

$$T_C = T_1 + \frac{\lg S_C - \lg S_1}{\lg S_2 - \lg S_1} \times (T_2 - T_1) \tag{7-7}$$

式中,T_C 为车辙因子连续分级温度,℃;T_1、T_2 为失效前后温度,通常 T_2 与 T_1 差值为 6℃;S_C 为 DSR 试验中沥青车辙因子失效评判依据,未老化取 1.0kPa,短期老化后取 2.2 kPa;S_1、S_2 分别为试验温度 T_1 和 T_2 下沥青的车辙因子。

改性沥青 DSR 数据验证 1(单位:kPa)　　　　表 7-26

试　样	T(℃)							R_1^2	R_2^2
	52	58	64	70	76	82	88		
未老化基质沥青	8.23	3.61	1.64	0.8	0.41	0.22	0.13	0.9998	0.9948
短期老化基质沥青	13.51	5.88	2.48	1.21	0.61	0.32	0.17	0.9996	0.9961
未老化高黏度黏改性沥青 M	16.71	9.32	5.44	3.31	2.04	1.31	1.8	0.9466	0.9187
短期老化高黏度黏改性沥青 M	22.27	12.3	7.09	4.28	2.75	1.8	1.23	0.9999	0.9939
未老化高黏度黏改性沥青 N	17.45	10.1	6.08	3.78	2.37	1.52	1.04	0.9993	0.9973
短期老化高黏度黏改性沥青 N	23.26	13.06	7.66	4.52	2.262	1.67	1.16	0.9954	0.9903

改性沥青 DSR 数据验证 2（kPa）　　　　　　　　表 7-27

试 样	$T(℃)$						R_1^2	R_2^2
	52	58	64	70	76	82		
未老化基质沥青	11.59	4.94	2.24	1.09	0.53	0.29	0.9997	0.9970
短期老化基质沥青	46.74	19.16	8.21	3.66	1.68	0.81	0.9990	0.9988
未老化 SBS 改性沥青	22.04	12.27	7.15	4.38	2.78	1.82	0.9999	0.9963
短期老化 SBS 改性沥青	35.42	19.4	10.82	6.33	3.79	2.35	0.9994	0.9981
未老化 2%Sasobit 改性沥青	17.04	7.24	3.23	1.54	0.81	0.48	0.9994	0.9928
短期老化 2%Sasobit 改性沥青	44.49	44.49	44.49	44.49	44.49	44.49	0.9993	0.9984
未老化 3%Sasobit 改性沥青	19.16	8.48	3.86	1.93	1.1	0.64	0.9994	0.9924
短期老化 3%Sasobit 改性沥青	75.5	31.41	13.12	5.59	2.59	1.33	0.9992	0.9976
未老化 4%Sasobit 改性沥青	26.13	11.58	5.61	2.94	1.73	0.85	0.9985	0.9960
短期老化 4%Sasobit 改性沥青	82.97	82.97	82.97	82.97	82.97	82.97	0.9992	0.9975

改性沥青 DSR 数据验证 3（kPa）　　　　　　　　表 7-28

试 样	$T(℃)$				R_1^2	R_2^2
	64	70	76	82		
未老化基质沥青	1.319	0.6416	0.361	0.2056	0.9992	0.9962
短期老化基质沥青	2.395	1.13	0.616	0.3385	0.9994	0.9968
未老化 SBS 改性沥青	3.4494	2.076	1.392	0.9520	0.9987	0.9951
短期老化 SBS 改性沥青	3.7296	2.227	1.456	0.9609	0.9996	0.9972

由其他研究者的试验数据可知，本节提出沥青的车辙因子与温度的双对数相关性系数 R_1^2 也大于车辙因子的对数与温度的相关性系数 R_2^2。因此，式(7-6)具有普适性，可用于计算沥青胶浆的高温连续分级温度和分析沥青胶浆的温度敏感性。

2）基于 DSR 试验 BRA/SBR 复合改性沥青中温疲劳性能分析

本节依旧采用 Anton Paar 公司的 SmartPave 沥青动态剪切流变仪对两种 BRA/SBR 复合改性沥青中温疲劳性能进行测试，起始温度定为 34℃，以 3℃ 为间隔测量数据，得到 BRA/SBR 改性沥青复数剪切模量、相位角、疲劳因子，见表 7-29 和表 7-30。沥青疲劳性能的评价指标为疲劳因子 $G^*\sin\delta$，不得小于 5000kPa。

第7章 布敦岩沥青改性沥青低温性能改善

BRA/SBR I 复合改性沥青中温疲劳试验结果 表 7-29

评价指标	$T(℃)$	SBR I 掺量(%)					
		0	2	4	5	6	8
G^* (kPa)	34	54.7	51.9	49.5	47.4	47.3	46.6
	31	53.4	51.6	48.9	46.6	46	45.5
	28	51.9	50.7	48	45.6	44.7	44.2
	25	50.1	49.4	46.8	44.6	43.2	42.8
	22	—	—	—	43.3	41.6	41.2
$\delta(°)$	34	2800	2730	2640	2520	2370	2250
	31	3910	3740	3550	3460	3250	3080
	28	5590	5350	4830	4770	4470	4110
	25	8060	7610	7470	7040	6740	6250
	22	—	—	—	8680	8110	7870
$G^*\sin\delta$ (kPa)	34	2290	2150	2010	1850	1740	1630
	31	3140	2930	2680	2510	2340	2200
	28	4400	4140	3590	3410	3140	2870
	25	6180	5780	5450	4940	4610	4250
	22	—	—	—	5950	5380	5180

BRA/SBR II 复合改性沥青中温疲劳试验结果 表 7-30

评价指标	$T(℃)$	SBR II 掺量(%)					
		0	2	4	5	6	8
G^* (kPa)	34	54.7	53	51.7	50.8	49.9	48.5
	31	53.4	51.6	50.3	49.3	48.4	47.4
	28	51.9	50	48.8	47.7	46.9	46
	25	50.1	48.3	47.1	45.9	45.1	44.6
	22	—	—	45.3	44.1	43.2	42.9
	19	—	—	—	—	—	41.1
$\delta(°)$	34	2800	2490	2370	2280	2190	2130
	31	3910	3530	3280	3140	3060	2910
	28	5590	4890	4540	4320	4140	3900
	25	8060	7150	6310	5940	5660	5290
	22	—	—	8590	7960	7620	7260
	19	—	—	—	—	—	9290

续上表

评价指标	T(℃)	SBR Ⅱ 掺量(%)					
		0	2	4	5	6	8
$G^*\sin\delta$ (kPa)	34	2290	1990	1860	1770	1680	1600
	31	3140	2770	2520	2380	2290	2140
	28	4400	3750	3420	3200	3020	2810
	25	6180	5340	4620	4270	4010	3710
	22	—	—	6110	5540	5220	4940
	19	—	—	—	—	—	6110

由表 7-29 可知,经 BRA 与 SBR 胶粉复合改性后可使沥青疲劳因子减小,表明抗疲劳性能增强。由表 7-30 可知,SBR 胶乳可使 BRA 改性沥青疲劳因子明显下降,BRA/SBR Ⅱ 复合改性沥青的抗疲劳性能增强。当 SBR 胶粉掺量分别为 2%、4%、5%、6% 和 8% 时,BRA/SBR Ⅰ 复合改性沥青相比 BRA 改性沥青在 25℃ 的疲劳因子 $G^*\sin\delta$ 分别减小 5.6%、7.3%、12.7%、16.4% 和 22.5%,疲劳等级分别为 25、25、26、26 和 26。当 SBR 胶乳掺量分别为 2%、4%、5%、6% 和 8% 时,BRA/SBR Ⅰ 复合改性沥青相比 BRA 改性沥青在 25℃ 的疲劳因子 $G^*\sin\delta$ 分别减小 13.6%、25.2%、30.9%、35.1% 和 40.0%,对应的疲劳等级分别为 28、28、25、25 和 22。

通过对中温疲劳数据进行拟合后,发现拟合关系符合式(7-7)。利用拟合公式[式(7-8)],令 $G^*\sin\delta = 1$ 可计算沥青的疲劳分级温度 T_f。BRA/SBR Ⅰ 改性沥青和 BRA/SBR Ⅱ 改性沥青的中温疲劳数据拟合结果分别参见表 7-31 和表 7-32。

$$\lg(G^* \cdot \sin\delta) = aT + b \qquad (7-8)$$

BRA/SBR Ⅰ 改性沥青中温疲劳试验拟合结果　　表 7-31

指标	SBR Ⅰ 掺量(%)					
	0	3	6	9	12	15
m	−0.0480	−0.048	−0.0476	−0.0471	−0.0466	−0.0455
n	4.9888	4.9592	4.9085	4.8625	4.8165	4.7515
R^2	0.9997	0.9995	0.9909	0.9923	0.9882	0.9929
T_f	26.9	26.3	25.4	24.7	24.0	23.1

第7章 布敦岩沥青改性沥青低温性能改善

BRA/SBR Ⅱ 改性沥青中温疲劳试验拟合结果 表 7-32

指标	SBR Ⅱ 掺量(%)					
	0	2	4	5	6	8
m	-0.0480	-0.0473	-0.0439	-0.0425	-0.0418	-0.0405
n	4.9888	4.9047	4.7634	4.6947	4.6499	4.582
R^2	0.9997	0.9992	0.9997	0.9994	0.9992	0.9983
T_f	26.9	25.5	24.2	23.4	22.8	21.8

由表 7-31 和表 7-32 可知,两种 BRA/SBR 改性沥青长期老化后的 DSR 试验数据在式(7-8)下的相关性较好,即式(7-8)符合疲劳因子 $G^*\sin\delta$ 随温度的变化规律。利用拟合公式计算改性沥青的疲劳失效温度可知,两种 BRA/SBR 改性沥青的疲劳失效温度均随 SBR 掺入而降低。SBR 胶粉掺量分别为 2%、4%、5%、6% 和 8% 时,BRA/SBR Ⅰ 复合改性沥青的疲劳失效温度相对 BRA 改性沥青分别降低 0.6℃、1.5℃、2.2℃、2.9℃ 和 3.8℃。当 SBR 胶胶乳掺量分别为 2%、4%、5%、6% 和 8% 时,BRA/SBR Ⅱ 复合改性沥青的疲劳失效温度相对 BRA 改性沥青分别降低 1.4℃、2.7℃、3.5℃、4.1℃ 和 5.1℃,中温抗疲劳性能增强。

3)BRA/SBR 复合改性沥青低温弯曲流变性能分析

经过 TFOT 和 PAV 老化处理后,不同 SBR 胶粉掺量下 BRA/SBR Ⅰ 复合改性沥青的 BBR 试验结果见表 7-33。

BRA/SBR Ⅰ 复合改性沥青 BBR 试验结果 表 7-33

评价指标	$T(℃)$	SBR Ⅰ 掺量(%)					
		0	2	4	5	6	8
S (MPa)	-6	249	237	212	207	184	167
	-12	522	503	479	451	435	429
m	-6	0.301	0.311	0.334	0.341	0.349	0.357
	-12	0.253	0.254	0.237	0.260	0.233	0.230
m/S (MP^{-1})	-6	0.001209	0.001312	0.001575	0.001647	0.001897	0.002138
	-12	0.000485	0.000505	0.000495	0.000576	0.0005356	0.0005361

通过对比不同 SBR 胶粉掺量下 BRA/SBR Ⅰ 复合改性沥青的蠕变劲度可发现,BRA/SBR Ⅰ 复合改性沥青的蠕变劲度随着 SBR 胶粉掺量的增加逐渐下降。SBR 胶粉掺量分别为 2%、4%、5%、6% 和 8% 时,BRA/SBR Ⅰ 复合改性沥青在 -6℃ 条件下的蠕变劲度相对 BRA 改性沥青分别降低 4.8%、14.9%、16.9%、26.1% 和 32.9%。

对比蠕变速率可发现,BRA/SBRⅠ复合改性沥青的蠕变速率随着 SBR 胶粉掺量的提升而增大,SBR 胶粉掺量分别为 2%、4%、5%、6% 和 8% 时,BRA/SBRⅠ复合改性沥青的蠕变速率相对 BRA 改性沥青分别增加 3.3%、11.0%、13.3%、15.9%、18.6%。

m/S 表明,当 SBR 胶粉掺量分别为 2%、4%、5%、6% 和 8% 时,BRA/SBRⅠ复合改性沥青相比 BRA 改性沥青在 -6℃ 条件的低温弯曲柔性分别提升了 8.5%、30.3%、36.2%、56.9% 和 76.9%。

经过 TFOT 和 PAV 老化处理后,不同 SBR 胶乳掺量下 BRA/SBRⅡ复合改性沥青的 BBR 试验结果见表 7-34。

BRA/SBRⅡ复合改性沥青 BBR 试验结果 表 7-34

评价指标	T(℃)	SBRⅡ掺量(%)					
		0	2	4	5	6	8
S (MPa)	-6	249	213	180	142	128	116
	-12	522	436	376	297	265	247
	-18	—	—	—	631	582	524
m	-6	0.301	0.327	0.344	0.367	0.388	0.409
	-12	0.253	0.265	0.290	0.327	0.333	0.346
	-18	—	—	—	0.263	0.271	0.289
m/S (MP^{-1})	-6	0.001209	0.001535	0.001911	0.002585	0.003031	0.003526
	-12	0.000485	0.000608	0.000771	0.001101	0.001257	0.001401
	-18	—	—	—	0.000417	0.000466	0.000552

通过对比不同 SBR 胶乳掺量下 BRA/SBRⅡ复合改性沥青的蠕变劲度可发现,BRA/SBRⅡ复合改性沥青的蠕变劲度随着 SBR 胶乳的增加逐渐减小。当 SBR 胶乳掺量分别为 2%、4%、5%、6% 和 8% 时,BRA/SBRⅠ复合改性沥青在 -6℃ 条件下的蠕变劲度相对 BRA 改性沥青分别降低 14.5%、27.7%、43.0%、48.6% 和 53.4%。

对比蠕变速率可发现,BRA/SBRⅡ复合改性沥青的蠕变速率随着 SBR 掺量的提升而增大,当 SBR 胶乳掺量分别为 2%、4%、5%、6% 和 8% 时,BRA/SBRⅠ复合改性沥青的蠕变速率相对 BRA 改性沥青分别增加 8.6%、14.3%、21.9%、28.9% 和 35.9%。

m/S 表明,当 SBR 胶乳掺量分别为 2%、4%、5%、6% 和 8% 时,BRA/SBRⅠ复合改性沥青在 -6℃ 条件的低温弯曲柔性分别为单掺 15% BRA 改性沥青的 1.27

倍、1.58倍、2.14倍、2.51倍和2.92倍。这表明SBR胶乳对BRA改性沥青的低温柔性的改善效果显著。

由图7-10和图7-11可知，BRA/SBRⅡ复合改性沥青的蠕变速率大于BRA/SBRⅠ复合改性沥青，BRA/SBRⅡ复合改性沥青的蠕变劲度小于BRA/SBRⅠ复合改性沥青。这表明SBR胶乳对BRA改性沥青低温下应力松弛性能和柔性的改善效果要优于SBR胶粉。

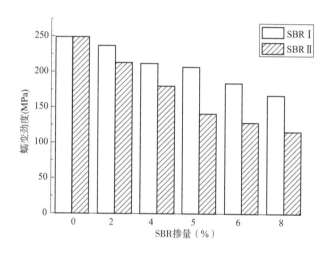

图7-10　BRA/SBR复合改性沥青在-6℃条件下蠕变劲度对比

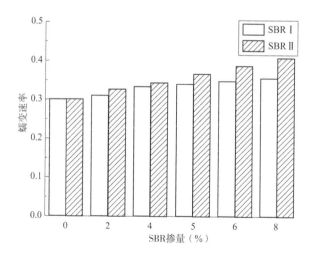

图7-11　BRA/SBR复合改性沥青在-6℃条件下蠕变速率对比

4) BRA/SBR 复合改性沥青 PG 性能分级

根据 DSR 试验和 BBR 试验的试验结果,BRA/SBR Ⅰ 复合改性沥青和 BRA/SBR Ⅱ 复合改性沥青 Superpave 沥青胶结料的性能分级结果见表 7-35。

BRA/SBR 复合改性沥青 PG 性能分级 表 7-35

沥青种类	高温等级	疲劳性能等级	低温性能等级	分级结果
15%BRA	70	28	−16	PG70-16
15%BRA+2%SBRⅠ	70	28	−16	PG70-16
15%BRA+4%SBRⅠ	70	28	−16	PG70-16
15%BRA+5%SBRⅠ	70	25	−16	PG70-16
15%BRA+6%SBRⅠ	76	25	−16	PG76-16
15%BRA+8%SBRⅠ	76	25	−16	PG76-16
15%BRA+2%SBRⅡ	70	28	−16	PG70-16
15%BRA+4%SBRⅡ	70	28	−16	PG70-16
15%BRA+5%SBRⅡ	70	25	−16	PG70-22
15%BRA+6%SBRⅡ	64	25	−22	PG64-22
15%BRA+8%SBRⅡ	64	22	−22	PG64-22

由表 7-35 可知,经 SBR 胶乳改性后 BRA/SBR Ⅱ 复合改性沥青的低温改性效果优于经 SBR 胶粉改性后的 BRA/SBR Ⅰ 复合改性沥青,同时 BRA/SBR Ⅱ 复合改性沥青的中温疲劳性能也优于 BRA/SBR Ⅰ 复合改性沥青。然而 SBR 胶乳会降低 BRA 改性沥青的高温性能,当 SBR 胶乳掺量达到 6% 时,BRA/SBR Ⅱ 复合改性沥青相较于 BRA 改性沥青降低了一个高温等级。因此,确定 BRA/SBR Ⅱ 复合改性沥青中 SBR 胶乳的掺量为 5%。

PG 性能分级仅对改性沥青按照高低温性能指标进行一个大致分类,改性沥青具体适用温度还需进行进一步计算。前节已计算改性沥青高温连续分级温度,现对沥青低温连续分级温度按照式(7-9)和式(7-10)式进行计算。

$$T_C = T_1 + \frac{\lg S_C - \lg S_1}{\lg S_2 - \lg S_1} \times (T_2 - T_1) \tag{7-9}$$

式中,T_C 为蠕变劲度连续分级温度,℃;T_1、T_2 为失效前后温度,通常 T_2 与 T_1 差值为 6℃;S_C 为 BBR 试验中沥青在 60s 时蠕变劲度失效评判依据,其值为 300MPa;S_1、S_2 分别为试验温度 T_1 和 T_2 下,蠕变劲度在 60s 时的试验量。

第7章 布敦岩沥青改性沥青低温性能改善

$$T_C = T_1 + \frac{m_C - m_1}{m_2 - m_1} \times (T_2 - T_1) \qquad (7\text{-}10)$$

式中，T_C 为蠕变速率连续分级温度，℃；T_1、T_2 为失效前后温度，通常 T_2 与 T_1 差值为 6℃；m_C 为 BBR 试验中沥青在 60s 时蠕变速率失效评判依据，其值为 0.300；m_2、m_1 分别为试验温度 T_1 和 T_2 下，蠕变速率在 60s 时的试验量。

按式(7-9)和式(7-10)对 BBR 试验的数据进行计算，将高低温连续分级温度汇总于表 7-36。

BRA/SBR 复合改性沥青 PG 连续分级温度 表 7-36

沥青种类	高温连续分级温度（℃）	低温连续分级温度			高低温分级温度差值（℃）
		蠕变劲度分级温度（℃）	蠕变速率分级温度（℃）	综合分级温度（℃）	
15%BRA	70.2	-17.5	-16.1	-16.1	86.3
15%BRA+2%SBR Ⅰ	71.7	-17.9	-17.2	-17.2	88.9
15%BRA+4%SBR Ⅰ	73.9	-18.6	-18.1	-18.1	92.0
15%BRA+5%SBR Ⅰ	75.7	-18.9	-19.0	-18.9	94.6
15%BRA+6%SBR Ⅰ	77.4	-19.4	-18.5	-18.5	96.9
15%BRA+8%SBR Ⅰ	79.3	-19.7	-18.7	-18.7	98.0
15%BRA+2%SBR Ⅱ	71.1	-18.9	-18.6	-18.6	89.7
15%BRA+4%SBR Ⅱ	72.2	-20.1	-20.9	-20.2	92.4
15%BRA+5%SBR Ⅱ	71.0	-22.1	-24.5	-22.1	93.1
15%BRA+6%SBR Ⅱ	69.9	-22.9	-25.2	-22.9	92.8
15%BRA+8%SBR Ⅱ	68.5	-23.6	-26.8	-23.6	92.1

由表 7-36 可知，SBR 胶粉掺量超过 5% 后，继续增加 SBR 胶粉掺量对 BRA/SBR Ⅰ 复合改性沥青的低温性能提升效果较小，而当 SBR 胶乳掺量超过 5% 时，SBR 胶乳仍能较好地改善 BRA/SBR Ⅱ 复合改性沥青的低温性能。虽然继续增加 SBR 胶乳有利于提升 BRA/SBR Ⅱ 复合改性沥青低温下的路用性能，但 SBR 胶乳会对 BRA/SBR Ⅱ 复合改性沥青的高温稳定性产生不利影响。因此，BRA/SBR Ⅱ 复合改性沥青中 SBR 胶乳的掺量控制在 5% 左右为宜。

7.4 本章小结

本章研究了BRA/SBR复合改性沥青的常规性能,结论如下:

(1)BRA/SBRⅠ复合改性沥青和BRA/SBRⅡ复合改性沥青制备条件的平行正交试验表明,影响两种复合改性沥青常规性能的因素大小排序均为:BRA掺量>剪切速率>加热温度>剪切时间。BRA/SBRⅠ复合改性沥青的制备适宜条件为:剪切时间为30min、剪切速率为3000rpm、剪切温度为180℃和BRA掺量为15%。BRA/SBRⅡ复合改性沥青的制备适宜条件为:剪切时间为1h、剪切速率为3000r/min、剪切温度为160℃和BRA掺量为15%。

(2)BRA和SBRⅠ对基质沥青进行复合改性,可有效提高基质沥青的高温性能,且随着SBR胶粉掺量的增加,效果逐渐变好。少量的SBRⅡ可略微提高BRA改性沥青的高温性能,但SBR胶乳掺量过大时SBRⅡ与BRA无法形成稳定的体系,致使复合改性沥青的高温性能降低。

(3)掺入SBR胶粉和SBR胶乳均可提高BRA改性沥青的低温性能,且随着改性剂掺量的增加效果,逐渐变好。就针入度和延度的低温改性效果而言,SBR胶乳强于SBR胶粉。这表明,SBR胶乳对BRA低温性能的改善效果强于SBR胶粉。

(4)短期老化试验表明,随着SBR胶粉掺量增加,BRA/SBRⅠ复合改性沥青的质量损失减小,残留针入度增加,表明SBR胶粉可改善BRA改性沥青的短期抗老化性能。随着SBR胶乳掺量增加,BRA/SBRⅡ复合改性沥青质量损失先减小后增大,残留针入度先增大后减小,表明SBR胶乳在超过一定量后会降低BRA改性沥青抗老化性能,且随着掺量的增加老化程度加剧。

(5)由布氏黏度试验可知,随着SBR胶粉掺量增加,BRA/SBRⅠ复合改性沥青感温性能下降,高温稳定性增加,和易性下降。而BRA/SBRⅡ复合改性沥青的温度敏感性随着SBR胶乳掺量的增加而增加,高温稳定性下降,和易性较好。

(6)由动态剪切流变试验结果可知,BRA/SBRⅠ复合改性沥青短期老化前后,其复数剪切模量随SBR胶粉掺量的增加而增大,而相位角则随SBR胶粉掺量的增加而降低,因此BRA/SBRⅠ复合改性沥青的PG高温性能指标车辙因子随SBR胶粉掺量的增加而增大。BRA/SBRⅡ复合改性沥青的复数剪切模量变化规律与BRA/SBRⅠ复合改性沥青一致。

(7)老化前后掺入SBR胶粉可使沥青车辙因子明显升高,表明SBRⅠ有助于BRA改性沥青高温性能的增强。而老化前后掺入SBR胶乳可使沥青车辙因子先增加后减小,表明SBR胶乳掺量超过5%后会导致BRA/SBR复合改性沥青的高温性能降低。因此 SBR 胶乳的掺量控制在 5% 左右为宜。

（8）掺入 SBR 胶粉和 SBR 胶乳均可使 BRA 改性沥青的疲劳因子明显下降，表明 SBR 胶粉和 SBR 胶乳均能提高 BRA 改性沥青的抗疲劳性能。

（9）由低温弯曲梁流变试验结果可知，掺入 SBR 胶乳可以显著提高 BRA 改性沥青的低温性能。当 SBR 胶乳的掺量超过 5% 后，BRA 改性沥青的低温性能等级甚至可以提高一个等级，满足 Superpave 沥青胶结料规范对沥青在 $-12℃$ 条件下的性能要求。而掺入 SBR 胶粉仅能略微降低 BRA 改性沥青的蠕变劲度，对 BRA 改性沥青的低温性能等级无明显提升。

第8章 试验路实施、质量控制与经济效益分析

根据前述章节的研究成果，布敦岩沥青可以用于各种热拌沥青混合料，也可作为黏结层和磨耗层的添加剂，是一种性能十分优良的沥青改性剂。在一些特别的条件下，当需要采用高温稳定性很好的沥青混合料时，使用布敦岩沥青作为改性剂能取得比较好的效果，如交通量比较大的道路和高等级公路，车辆缓行区域、斜坡、桥面和城市道路十字路口，出租车道、公共汽车道、车站和堆货场、机场等。

8.1 布敦岩沥青改性沥青路面试验段路面结构设计

8.1.1 设计标准

试验路依托河南省省道 S323 新密关口至登封张庄段改建工程，于 2015 年 10 月实施。该项目起点位于新密市关口村东新郑市与新密市交界处，途经新密市的苟堂镇、超化镇、平陌镇，登封市的大冶镇、告成镇、东华镇、大金店镇、石道乡、君召乡和颍阳镇，终点位于登封市颍阳镇张庄西侧的登封与伊川市交界处。路线全长 85.571km，其中新密境全长 26.533km，登封境全长 59.038km。采用双向四车道一级公路标准建设，设计速度为 80km/h，路基宽 24.5m，路面宽 23m。

省道 S323 新密关口至登封张庄段改建工程是郑州市南部东西方向重要的干线公路之一。本项目的建设可以进一步完善路网结构，提高郑州南部地区的道路通行能力，增强新郑、新密、登封和洛阳南部地区的交通和经济的沟通，促进区域经济的进一步协调发展。项目线路将新密市和登封市南部沿线的煤炭、铝土和电力等重工业有机串联起来，贯通郑州市南部经济走廊带，实现区域经济的联动发展，从而形成规模化效益，促进郑州市南部经济的协调快速发展。

项目全线采用沥青混凝土路面，设计采用 BZZ-100 标准轴载，设计使用年限 15 年。

8.1.2 交通量组成及交通量预测

查阅工可设计文件,试验段交通量资料见表8-1~表8-3。

交通量预测(pcu/d)　　　　　　　　　　　　　　　表8-1

年度(年)	2016	2020	2025	2030	2035
交通量	10024	15633	20679	23123	24337

2016年一般路段各车型交通量(pcu/d)　　　　　　表8-2

车型	小客车	大客车	小货车	中货车	大货车	拖挂车
交通量	5713	112	2255	702	376	27

2016年重载路段各车型交通量(pcu/d)　　　　　　表8-3

车型	小客车	大客车	小货车	中货车	大货车	拖挂车
交通量	4882	130	2606	1002	1103	301

考虑车辆类型的发展趋势,并考虑车辆超载现象,对交通进行了适当优化调整,经分析计算,一般路段沥青混凝土路面设计年限内一个车道的累计轴次为1.24×10^7次,设计弯沉值为24.8(1/100mm),重载路段沥青混凝土路面设计年限内一个车道的累计轴次为2.29×10^7次,设计弯沉值为20.2(1/100mm)。

8.1.3 沥青混凝土路面结构组合及厚度设计

根据《公路沥青路面设计规范》(JTG D50—2006),沥青混凝土路面结构计算采用双圆垂直均布荷载作用下的弹性层状体系理论,以路表设计弯沉作为路面整体强度的控制指标,以沥青混凝土路面面层和半刚性基层材料的容许弯拉应力进行验算。

按照《公路自然区划图》,项目所在地属Ⅱ$_5$区,结合交通量、公路等级对路面结构强度的要求,路面面层应具备坚实、耐磨、抗滑、防雨水下渗等功能。

项目所在地部分标段蕴藏大量煤、铝矿石等矿产资源,并处在开发热潮,来往运煤车辆较多,大多为满载、超载车辆,造成该段交通量远大于按正常预测的交通量。因此,根据交通现状,对该段路面进行加厚设计,路面结构组成及结构层中材料设计参数取值见表8-4和表8-5。

重载路段路面原路面结构设计方案　　　　表8-4

设计层位	材 料 名 称
1	5cm中粒式SBS改性沥青混凝土(AC-16C)
2	8cm粗粒式SBS改性沥青混凝土(AC-25C)
3	19cm4.5%水泥稳定碎石
4	19cm4.5%水泥稳定碎石
5	18cm3.5%水泥稳定碎石
6	土基

岩沥青改性沥青路面试验段路面结构方案　　　　表8-5

设计层位	材 料 名 称
1	5cm中粒式岩沥青改性沥青混凝土(AC-16C)(岩沥青掺量3%,内掺)
2	8cm粗粒式岩沥青改性沥青混凝土(AC-25C)(岩沥青掺量2.5%,内掺)
3	19cm4.5%水泥稳定碎石
4	19cm4.5%水泥稳定碎石
5	18cm3.5%水泥稳定碎石
6	土基

8.2　布敦岩沥青改性沥青路面施工工艺

8.2.1　原材料

布敦岩沥青应质量稳定,技术指标应满足表8-6的要求。

布敦岩沥青技术要求　　　　表8-6

技 术 指 标		技 术 标 准
灰分(%)		<75
三氯乙烯溶解度(%)		>25
含水率(%)		<2
粒度范围(%) (干法施工时岩沥青应满足的粒径大小)	4.75mm	100
	2.36mm	90~100
	0.6mm	10~30
岩沥青成分波动性要求:不同批次样品灰分含量差		<2%

其他指标按《公路沥青路面施工技术规范》(JTG F40—2004)的要求来控制。

8.2.2 改性沥青的掺配

岩沥青改性沥青在施工中可通过"干法"和"湿法"两种生产工艺加工。

干法施工是采取直接加入岩沥青的方法,将矿料送入回转炉加热至 190 ~ 200℃后进入拌合罐,同时加入岩沥青进行干拌,然后喷入基质沥青湿拌至少 35s,出料温度控制在 170℃。干法施工设备简单,操作简便,是施工中常用的方法。

湿法施工是将基质沥青先送入沥青罐加热至 155 ~ 175℃,然后将一定量的岩沥青加入沥青搅拌罐中混合,搅拌 20 ~ 30min 后即可使用,同时改性沥青的储存需进行搅拌,增强后期发育。如果有高速剪切设备制作改性沥青,效果会更佳。

根据岩沥青特性和项目特点,试验段使用的岩沥青改性沥青混合料采用干法工艺,由于岩沥青熔点较高,拌和温度较 SBS 改性沥青拌和温度高 10℃左右,干拌时间较普通情况长 3 ~ 5s,一般为 11s,以保证矿料与岩沥青颗粒均匀混合,干拌结束后,将基质沥青喷入、矿粉加入进行"湿拌",时间为 35 ~ 45s。

岩沥青改性沥青混合料生产采用"干法"工艺,即将岩沥青作为添加剂在拌和混合料时投入拌合锅使用,在搅拌混合料的同时将岩沥青分散。施工时将岩沥青储备于拌合楼的外加材料投放口。最好根据拌合楼的产量水平计算好需要添加的岩沥青,并将每锅混合料需要的岩沥青量预先分装,在各热料仓集料进入拌合锅后由人工或机械将分装好的岩沥青直接投入拌合锅。干拌 11s 左右再喷入沥青和填料进行搅拌。该种方法效果保证的关键是岩沥青的投放时机和干拌充分,在喷入基质沥青前通过高温矿料的剪切、熔融作用将岩沥青充分分散。为确保人工投放的准确和稳定,避免多投、漏投或投放时间偏差过大,可在投放口设置摄像头和投放提示铃,于控制室进行视频监控和铃声提醒。

8.2.3 布敦岩沥青改性沥青混合料的拌和

(1)若沥青混合料拌合楼有两个矿粉仓,宜在这两个矿粉仓中选择一个提升符合质量标准的岩沥青。通常采用专用的提升装置,岩沥青提升装置和添加如图 8-1 和图 8-2 所示。采用机械将袋装的岩沥青运至送料口,将岩沥青袋捣破卸料输送至拌合锅。

(2)拌合机生产时需确定各种按生产配合比确定的材料用量参数,并设置好拌和时间、温度等工艺参数,如图 8-3 所示。

(3)岩沥青改性沥青混合料生产程序如下:先将计量好的集料进入拌合锅,然后放入岩沥青,进行干拌,时间为 10 ~ 15s,使集料和岩沥青能充分混合。之后喷入基质沥青进行湿拌,时间为 35 ~ 45s,拌和时间可延长 5s,总拌和时间不宜小于

50s,拌合楼如图8-4所示。

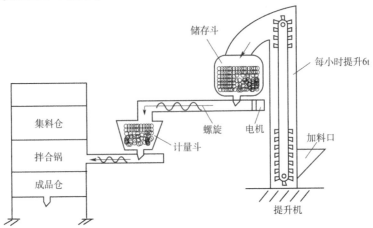

图 8-1　岩沥青提升装置示意图

说明:岩沥青从进料口投入,经提升机把其输送入计量仓内自动计量,由岩沥青与其他集料同时进入拌合楼拌和,但必须延长拌和时间5s后,生产成沥青混合料,然后放入成品仓输出使用。

图 8-2　岩沥青添加过程

图 8-3　生产时材料参数控制情况

第8章 试验路实施、质量控制与经济效益分析

图 8-4　沥青混合料拌合楼

(4)沥青在拌和后应被混合料均匀包裹,没有结团、花白料或者严重分离现象。掌握好拌和时间与温度。现场拌和时,应随时检查拌和效果以调整干拌和湿拌的初定时间。

(5)岩沥青改性沥青混合料的生产温度按表 8-7 控制。

岩沥青改性沥青混合料生产温度控制　　　　表 8-7

工艺环节	控制温度(℃)	备　注
矿料温度	170~185	
基质沥青加热温度	150~160	
拌和好的混合料温度	165~175	超过190℃废弃
混合料运输到场温度	不低于160	

(6)运输。出料温度检测:一车一检,及时反馈,出场温度按 165~170℃ 控制,温度高于 195℃ 时应废弃。分堆装料,顺序如图 8-5 所示,减少混合料离析。料车采用双层篷布、毛毡或棉毯覆盖,以保温、防雨和防污染。

图 8-5　料车接料顺序

沥青混合料运输到现场的温度不低于160℃。运料车到达现场后等本车混合料摊铺完后才可揭开保温篷布。当卸料车卸载时,应将料一次性卸到摊铺机中。

(7)摊铺。进行全幅摊铺作业时采用两台相隔3m左右的摊铺机成梯队作业,并采用功率较大的履带式摊铺机进行摊铺施工,摊铺速度根据拌和能力、摊铺层的宽度和厚度及施工设备等因素宜控制在3.0m/min左右,保证机械连续均匀摊铺。

摊铺时摊铺机速度不得任意更换,不得突然停机,选择较大的振动频率,保证路面初步振实。

岩沥青改性沥青混合料对温度要求较高,施工时应随时记录摊铺的温度和厚度,摊铺完成后混合料温度应不低于155℃,见表8-8。在大风和气温低于5℃的天气不应进行摊铺作业。

岩沥青改性沥青混合料施工温度控制(℃)　　　　　　表8-8

到场温度	160~170
摊铺温度	155~170
初压温度	150~170
复压温度	130~170
终压温度	≥90

摊铺时,应派专人跟随摊铺机巡查,如发现离析等现象应及时采取对策处理,或暂停施工。沥青混合料摊铺如图8-6所示。

(8)碾压。初压应紧接着摊铺之后进行。通常初压严禁使用轮胎压路机,以确保面层横向平整度,宜采用钢轮压路机静压一遍,如图8-7所示。初压温度不应低于150℃,从外侧向内侧碾压,并保持较短的初压区长度(宜为25m),以尽快使表面压实,减少热量散失。初压后应检查平整度、路拱,有严重缺陷时进行修整乃至返工。

图8-6　沥青混合料的摊铺

图8-7　施工现场初压

复压应紧跟在初压后开始,且不得随意停顿,如图 8-8 所示。压路机碾压段的总长度应尽量缩短,通常不超过 60~80m。钢轮振动碾压两遍,或者胶轮静压四遍,碾压速度宜控制在 3~5km/h。密级配沥青混凝土的复压宜优先采用重型的轮胎压路机搓揉碾压,以增加密水性,其总质量不宜小于 25t,相邻碾压带应重叠 1/3~1/2 的碾压轮宽度,逐步向路拱碾压过去,碾压至要求的压实度为止。

采用钢轮压路机进行终压,紧跟复压之后碾压 2~3 遍,至无明显轮迹为止,碾压速度宜控制在 3~6km/h,应在温度低于 90℃之前完成,如图 8-9 所示。碾压过程中不得随意停顿,不能有表面轮迹。施工过程中,岩沥青不粘轮,施工较方便,可有效加快施工进度。

图 8-8 施工现场复压

图 8-9 施工现场终压

8.2.4 布敦岩沥青改性沥青混合料配合比设计

热拌沥青混合料必须选用符合要求的材料,充分利用同类道路与同类材料的施工实践经验,经配合比设计确定矿料级配和沥青用量。

热拌沥青混合料配合比设计方法应符合《公路沥青路面施工技术规范》(JTG F40—2004)附录 B 的规定。

热拌沥青混合料的配合比设计应分三个阶段进行:目标配合比设计阶段、生产配合比设计阶段和生产配合比验证阶段。由此确定的生产用标准配合比,应作为生产控制的依据和质量检验的标准。

经设计确定的标准配合比在施工过程中不得随意变更。生产过程中,如遇进场材料发生变化并经检测沥青混合料的矿料级配、马歇尔技术指标不符合要求时,应及时调整配合比,使沥青混合料质量符合要求并保持相对稳定,必要时重新进行配合比设计。

岩沥青改性沥青混合料 AC-16C 和 AC-25C 的级配见表 8-9,具体级配曲线由现场试验确定。

岩沥青改性沥青混合料级配   表8-9

混合料类型	通过下列筛孔(方孔筛,mm)的质量百分率(%)										
	26.5	19	16	13.2	9.5	4.75	2.36	1.18	0.6	0.3	0.15	0.075
AC-25C	100	88.6	73.3	63.7	50.7	31.5	21.5	15.2	11.6	8.7	7.3	5.4
AC-16C	100	100	90.4	79.5	63.5	37	24.2	16	11.4	7.7	6.1	4.3

岩沥青改性沥青混合料 AC-16C 和 AC-25C 的技术指标见表8-10。

岩沥青改性沥青混合料技术指标要求   表8-10

项　　目	AC-16C	AC-25C
马歇尔击实次数(次)	75	75
试件尺寸(mm)	$\phi 101.6mm \times 63.5mm$	$\phi 101.6mm \times 63.5mm$
稳定度 MS(kN)	≥8	≥8
流值 FL(0.1mm)	15~40	15~40
空隙率 VV(%)	4~6	4~6
矿料间隙率 VMA(%)	≥12.5	≥12
沥青饱和度 VFA(%)	65~75	65~75
60℃动稳定度(次/mm)	≥2800	≥2800
浸水马歇尔残留稳定度(%)	≥80	≥80
冻融劈裂试验残留强度比 TSR(%)	≥75	≥75

8.2.5　施工质量管理与检查验收

1)岩沥青原材料检验

施工前必须检查各种材料的来源和质量。每30t岩沥青进行筛分、含水率和灰分试验一次,每100t岩沥青进行一次全面质量检测。对经招标程序购进的沥青、集料等重要材料,供货单位必须提交最新检测的正式试验报告。对首次使用的集料,应检查生产单位的生产条件、加工机械、覆盖层的清理情况。所有材料都应按规定取样检测,经质量认可后方可订货。

2)试验路铺筑

沥青混合料在正式开工前,必须铺筑200~300m试验路段,进行沥青混合料的试拌、试铺和试压试验,并据此制订正式的施工程序,以确保良好的施工质量和路面施工的顺利进行。

试验段铺筑分试拌及试铺两个阶段,应包括下列试验内容。

(1)根据路面各种施工机械相匹配的原则,确定合理的施工机械、机械数量和组合方式。

(2)通过试拌确定拌和机的上料速度、拌和数量与时间、拌和温度等工艺。

(3)通过试铺确定摊铺温度、速度、宽度、自动找平工艺。

(4)通过试压确定碾压顺序、温度、速度及遍数等压实工艺,以及确定松铺系数、接缝方法。

(5)验证沥青混合料配合比设计结果,提出生产用的矿料配合比、沥青用量。

(6)建立采用钻孔法及核子密度仪法测定沥青混合料密度的对比关系;确定压实度检验方法与标准,施工检验项目与方法。

(7)确定施工产量及作业段长度,制订施工进度计划。

(8)全面检查材料及施工质量的方法。

(9)确定施工组织及管理体系与质量保证体系。

3)施工过程中的质量

沥青路面铺筑过程中必须随时对铺筑质量进行评定,质量检查的内容、频度、允许偏差应符合表8-11的规定。

岩沥青改性沥青路面施工过程中工程质量的控制标准　　　　表8-11

项　目		检查频度及单点检验评价方法		质量要求或允许偏差	试验方法
				高速公路、一级公路	
外观		随时		表面平整密实,不得有明显轮迹、裂缝、推挤、油汀、油包等缺陷,且无明显离析	目测
施工温度	摊铺温度	逐车检测评定		符合规范规定	T0981
	碾压温度	随时		符合规范规定	插入式温度计实测
厚度	每一层次	随时	厚度50mm以下	设计值的5%	施工时插入法量测松铺厚度及压实厚度
			厚度50mm以上	设计值的8%	
	每一层次	1个台班区段的平均值	厚度50mm以下	-3mm	插入法
			厚度50mm以上	-5mm	
	总厚度	每2000m²一点单点评定		设计值的-5%	T0912
	上面层	每2000m²一点单点评定		设计值的-10%	
压实度		每2000m²检查1组逐个试件评定并计算平均值		试验室标准密度的97%	T0924、T0922
				最大理论密度的93%	
				试验段密度的99%	

续上表

项　目		检查频度及单点检验评价方法	质量要求或允许偏差	试　验　方　法
			高速公路、一级公路	
平整度（最大间隙）	上面层	随时,接缝处单杆评定	3mm	T0931
	下面层	随时,接缝处单杆评定	5mm	T0931
平整度（标准差）	上面层	连续测定	1.2mm	T0932
	下面层	连续测定	1.8mm	
	基层	连续测定	2.4mm	
宽度	有侧石	检测每个断面	±20mm	T0911
	无侧石	检测每个断面	不小于设计宽度	
纵断面高程		检测每个断面	±10mm	T0911
横坡度		检测每个断面	±0.3%	T0911
渗水系数		每1km不少于5点,每点3处取平均值	300mL/min（普通密级配沥青混合料）	T0971

①厚度检测方法。

a.利用摊铺过程在线控制,即不断地用插尺或其他工具插入摊铺层测量松铺厚度;

b.利用拌和厂沥青混合料总生产量与实际铺筑的面积计算平均厚度进行总量检验;

c.当具有地质雷达等无破损检验设备时,可利用其连续检测路面厚度,但其测试精度需经标定认可;

d.待路面完成后,在钻孔检测压实度的同时测量沥青层的厚度。

②压实度检测方法。

碾压过程中宜采用核子密度仪等无破损检测设备进行压实密度过程控制,测点随机选择,一组不少于13点,取平均值,与标定值或试验段测定值比较评定。测定温度应与试验段测定时一致,检测精度通过试验路与钻孔试件标定。

在路面完成后,随机选点钻孔取样,如有多层沥青层需用切割机切割,应待试件充分干燥后(在第二天之后),分别测定密度。钻孔后应及时将孔中灰浆淘净,吸净余水,待干燥后以相同的混合料分层填充夯实。为减少钻孔数量,有关施工、监理、监督各方宜合作进行钻孔检测,以避免重复钻孔。

施工过程中应随时对路面进行外观评定,尤其特别注意防止粗细集料的离析,路面局部渗水严重或压实不足,酿成隐患。如果确定该路段严重离析、渗水,且经两次补充钻孔仍不能达到压实度要求,确属施工质量差的,应予铣刨或局部挖补,返工重铺。

施工过程中必须随时用 3m 直尺检测接缝及与构造物的连接处平整度的检测,正常路段的平整度采用连续式平整度仪或颠簸累积仪测定。

沥青路面面层的施工应按规范《公路沥青路面施工技术规范》(JTG F40—2004)附录 F 的方法,利用计算机实施动态质量管理,并计算平均值、极差、标准差及变异系数以及各项指标的合格率。

施工的关键工序或重要部位宜拍摄照片或进行录像,作为实态记录及保存资料的一部分。

8.3 布敦岩沥青改性沥青路面试验段施工质量检验

8.3.1 布敦岩沥青改性沥青路面 AC-25C 下面层压实度检测

在运料车上取料,室内制作马歇尔试件,利用网篮法测试其密度,作为试验室标准密度;对相应的摊铺段具有代表性的点位(摊铺交界处、行车道、超车道等)钻芯取样,利用网篮法测试样品的密度。压实度检测结果见表 8-12。

路面施工过程中的压实度检测 表 8-12

取芯桩号	毛体积相对密度	试验室标准密度(g/cm^3)	压实度(%)
K12+200Y	2.45	2.463	99.47
K12+400Y	2.48	2.463	100
K12+550Y	2.47	2.463	100
K11+740	2.33	2.483	93.84
K11+420	2.48	2.483	99.88
K11+280	2.46	2.483	99.07
K11+170	2.50	2.483	100
K11+940	2.46	2.483	99.07
K11+150	2.466	2.47	99.84
K10+860	2.445	2.47	98.99
K12+220	2.447	2.47	99.07

8.3.2　布敦岩沥青改性沥青路面 AC-16C 上面层压实度检测

对施工的路面钻芯取样（图 8-10）进行压实度检测，检测结果见表 8-13。

图 8-10　钻芯取样

路面施工过程中的压实度检测　　　　　　　　　表 8-13

取芯桩号	毛体积相对密度	试验室标准密度（g/m³）	压实度（%）
K12+100	2.364	2.429	97.32
K12+460	2.324	2.429	95.68
K11+730	2.414	2.429	99.38

8.3.3　布敦岩沥青改性沥青路面 AC-16C 上面层渗水系数检测

对桩号 K11+830 的超车道、摊铺交界和行车道的位置进行渗水系数检测（图 8-11），检测结果见表 8-14。

图 8-11　渗水系数检测

第8章 试验路实施、质量控制与经济效益分析

K11+830 路面右幅渗水系数检测 表8-14

检测点位	检测结果(mL/min)	质量要求(mL/min)
超车道	20	≤300
摊铺交界	10	≤300
行车道	60	≤300

8.3.4 布敦岩沥青改性沥青路面 AC-16C 上面层构造深度检测

对桩号 K11+830 选取了5个点位,对其构造深度进行检测(图8-12),检测结果见表8-15。

图8-12 构造深度检测

K11+830 路面右幅构造深度检测 表8-15

检测点位	铺砂直径(cm)	检测结果(mm)	质量要求(mm)
1	20.25	0.78	≥0.5
2	19.25	0.86	≥0.5
3	18.25	0.96	≥0.5
4	20	0.80	≥0.5
5	19	0.88	≥0.5

通过对试验段(上、下面层)岩沥青改性沥青路面试验段施工质量的检测,得到结论如下:

(1)对 AC-25 岩沥青改性沥青混合料在运料车上取料,室内制作马歇尔试件,利用网篮法测试其密度,作为试验室标准密度;对相应的摊铺段具有代表性的点位(摊铺交界处、行车道、超车道等)钻芯取样,利用网篮法测试样品的密度,与试验室标准密度进行对比,得到的压实度大部分在99%左右。

(2)对上面层 AC-16 选取的3个钻芯取样的试件进行压实度检测,得到压实度在95%以上,满足规范要求。

(3)对桩号 K11+830 的超车道、摊铺交界和行车道的位置进行渗水系数和构造深度检测,检测结果均满足规范要求。

8.3.5 布敦岩沥青改性沥青路面试验段平整度检测

为了对比布敦岩沥青改性沥青路面与常规施工路段(SBS 改性沥青路面)的路用性能,在通车约一年后对两种路段进行了检测,见图 8-13 ~ 图 8-15。

图 8-13 试验段道路情况

图 8-14 检测软件操作界面

图 8-15 检测用车辆

本次检测采用型号为 ZOYON-RTM 的激光传感器、加速度传感器和距离传感器,测量传感器到路面断面的垂向距离,记取传感器的垂向加速度以及沿断面纵向方向行驶的距离 s;然后根据美国科学家的 Spangler E 和 Kelly W 提出的惯性断面类测量理论,得出断面高程。

检测依据《公路路基路面现场测试规程》(JTG E60—2008)和《公路工程质量

检验评定标准》(JTG F80/1—2017),检测仪器技术参数见表 8-16。

检测仪器主要技术指标   表 8-16

激光传感器	采样频率(kHz)	16
	测量范围(mm)	±100
加速度传感器	频率范围(Hz)	>400
	测量范围(g)	±2.5
纵向距离传感器测量准确度(%)		0.1
采样间隔(m)		0.05
IRI 报告间隔(m)		10~1000
IRI 检测范围(m/km)		0~15
测试速度(km/h)		0~100

岩沥青改性沥青路面试验段检测路段桩号为 K11+000~K13+600,其平整度相关检测数据统计结果见表 8-17。

布敦岩沥青改性沥青路面 σ 统计结果(通车一年)   表 8-17

总测点数	260	平均值(mm)	0.59
最大值(mm)	2.42	最小值(mm)	0.29
合格点数(≤1.2mm)	253	合格率(%)	97.3

SBS 改性沥青路面非试验段检测路段桩号为 K14+000~K15+000,其平整度相关检测数据统计结果见表 8-18。

通车半年 SBS 改性沥青路面 σ 统计结果(通车半年)   表 8-18

总测点数	100	平均值(mm)	0.59
最大值(mm)	1.85	最小值(mm)	0.20
合格点数(≤1.5mm)	97	合格率(%)	97

由表 8-17 和表 8-18 可知,布敦岩沥青改性沥青路面平整度的合格率达到 97.3%,SBS 改性沥青路面的合格率为 97.0%,说明布敦岩沥青改性沥青路面在使用一年后的平整度仍然优于仅使用半年的 SBS 改性沥青路面。

与此同时也对两种改性沥青路面的松散、裂缝等病害进行了调查研究,未发现布敦岩沥青改性沥青路面松散、裂缝等病害。这表明布敦岩沥青改性沥青路面具有一定的抗低温开裂性能。

8.3.6 布敦岩沥青改性沥青路面试验段车辙检测

沥青混合料的车辙损害一直是国内外道路工作者最为关注的问题。随着车辙损害的积累,这个不利因素会进一步蔓延与扩大,严重影响路面行车安全性和使用的舒适性。因此在路面使用的过程中,车辙问题是评价路面质量的优劣主要指标之一。在试验段经过近一年的使用、非试验段只有半年左右的使用后,对试验段的行车道、超车道和非试验段的行车道进行车辙检测,检测结果见表 8-19。

检测路段路面车辙深度统计结果　　　　　　　　　表 8-19

路面类型	总测点(个)	RD 平均值(mm)	RD 最大值(mm)	RD 最小值(mm)	标准偏差	合格率(%)
岩沥青试验段超车道	520	1.78	6.97	0.75	0.41	100
岩沥青试验段行车道	520	2.96	9.19	1.12	0.92	100
SBS 改性沥青行车道	200	3.06	9.17	0.96	0.82	100

通过表 8-19 可知,岩沥青试验段超车道的总测点为 520 个,车辙深度的标准偏差为 0.41,检测点合格率为 100%;岩沥青试验段行车道的总测点为 520 个,车辙深度的标准偏差为 0.92,检测点合格率为 100%;SBS 改性沥青行车道的总测点为 200 个,车辙深度的标准偏差为 0.82,检测点合格率为 100%。

根据表 8-19 中车辙平均深度的数据可得布敦岩沥青试验段超车道、布敦岩沥青试验段行车道、SBS 改性沥青非试验段的车辙深度平均值,如图 8-16 所示。

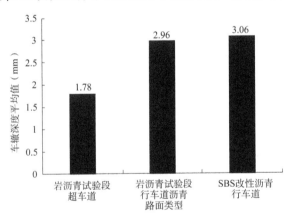

图 8-16　沥青路面的各车道车辙深度

通过图 8-16 可知,布敦岩沥青路面的超车道、行车道,SBS 改性沥青路面的行车道共计三个车道的车辙平均深度的排序:非试验段(SBS 改性沥青路面)车辙深度平均值$\overline{RD}$ > 布敦岩沥青试验段行车道车辙深度平均值$\overline{RD}$ > 布敦岩沥青试验段超车道车辙深度平均值$\overline{RD}$,说明布敦岩沥青路面的抗车辙能力优于 SBS 改性沥青路面。由于试验段布敦岩沥青路面处于一个 2km 长大纵坡路段,且于 2015 年 4 月建成,试验段所属路线于2015年10月全线建成通车,在此过程中,试验段承载了大量的运料车辆的重载作用,相较于非试验路段,通车的时间更长、承载的重载车辆数量更多。通过上述的对比分析,更进一步说明了布敦岩沥青路面在抗车辙方面有着优异的性能。

8.4 布敦岩沥青混合料路用性能优化问题探究

根据上文的研究可知,布敦岩沥青对基质沥青的改性是基质沥青先与布敦岩沥青上的沥青相混合,然后混合后的沥青与布敦岩沥青中的灰分相互结合、互相渗透形成稳定的沥青胶浆的物理变化过程。

基于此,可以从两个方面进行路用性能的优化工作:第一,在施工过程中在适当提高拌和温度的同时,对布敦岩沥青进行"短时间高温度"的预加热处理,提升布敦岩沥青颗粒温度,防止流动的基质沥青遇到冷的布敦岩沥青颗粒而造成基质沥青温度下降,流动性变差,不能与布敦岩沥青颗粒充分渗透交织情况的发生;第二,适当延长布敦岩沥青与基质沥青的接触时间,即延长沥青混合料的拌和时间,使基质沥青与布敦岩沥青充分混溶。

8.5 经济效益分析

布敦岩改性沥青混合料价格比SBS改性沥青混合料低了不少。布敦岩沥青改性剂中含有的天然沥青高于25%,剩下的是含有60%石灰岩矿粉的非常细的矿物质粉末。布敦岩沥青改性沥青中的基质沥青部分可用天然沥青代替,矿粉部分也可用矿物质粉末代替。

根据目标配合比试验结果,AC-16C布敦岩沥青改性沥青混合料的最佳油石比为4.6%,沥青含量为4.4%,密度为$2.450g/cm^3$,布敦岩沥青的掺量为3%。AC-25C布敦岩沥青改性沥青混合料的最佳油石比为4.1%,沥青含量为3.9%,密度为$2.445g/cm^3$,布敦岩沥青的掺量为2.7%。设定布敦岩沥青改性沥青混合料与SBS改性沥青混合料的最佳油石比相同。

依托项目所铺筑的布敦岩沥青改性沥青路面试验路段,即河南省省道S323线新密关口至登封张庄段布敦岩沥青改性沥青路面试验路,其起止桩号为K11+000~K13+600,全长双向3km,双向四车道一级公路标准设计,设计速度为80km/h,路基全宽24.5m,其横断面布置为:2×0.75m土路肩+2×3.0m硬路肩(含路缘带0.5m)+2×2×3.75m行车道+2×0.5m路缘带+1.0m中央分隔带,则路面宽度为:2×3.0m 硬路肩(含路缘带 0.5m)$+2\times2\times3.75$m 行车道 $+2\times0.5$m 路缘带 $=22$m。故 S323 沥青路面的宽度为 22m。

根据调查统计得到 SBS 改性沥青、70 号基质沥青、矿粉价格见表 8-20。

SBS 改性沥青、70 号基质沥青、矿粉价格　　　　表 8-20

地区	SBS 改性沥青(元/t)	70 号基质沥青(元/t)	矿粉(元/t)
河南	6300	5200	130
广东	5600	4500	370
湖南	6000	4800	170
布敦岩沥青按3000元/t计算			

1) AC-16C 上面层

1t 沥青混合料需要 SBS 改性沥青 44kg,则需要 SBS 改性沥青的成本见表 8-21。

1t AC-16C 沥青混合料中 SBS 改性沥青成本　　　　表 8-21

地区	河南	广东	湖南
材料质量(kg)	44	44	44
单价(元/kg)	6.3	5.6	6.0
价格(元)	277.2	246.4	264

AC-16C 布敦岩沥青改性沥青混合料布敦岩沥青的掺量为 3%,则 1t 沥青混合料中布敦岩沥青用量为 30kg。经检测,布敦岩沥青的灰分为 52.58%,天然沥青的含量为 47.42%,30kg 布敦岩沥青中有 $30\times47.42\%=14.22$(kg)的纯沥青,可替代 14.22kg 的基质沥青以及矿粉 15.78kg。

1t AC-16C 布敦岩沥青改性沥青混合料需要基质沥青为 $44-14.22=29.78$(kg)。AC-16C 基质沥青与布敦岩沥青混合料价格见表 8-22。

AC-16C 基质沥青与布敦岩沥青混合料价格　　　　表 8-22

项目	矿粉	基质沥青	布敦岩沥青
材料质量(kg)	-15.78	29.78	30
单价(元/kg)	0.13	5.2	3.0
价格(元)	-2.0514	154.856	90

1t AC-16C 布敦岩沥青改性沥青混合料沥青的成本为 $-2.0514+154.856+90=242.8$(元)。则每吨 AC-16C 沥青混合料节约费用为 $277.2-242.8=34.4$(元)。

试验路 AC-16C 上面层的厚度为 5cm,由前述可知 AC-16C 布敦岩沥青改性沥青混合料的密度为 2.450g/cm³,试验路的路面宽度为 22m,则 3km 试验路的 AC-16C 布敦岩沥青改性沥青混合料总用量为:$3000 \times 22 \times 0.05 \times 2.45 \times 10^3 = 8085000$ (kg)。3km 试验路的 AC-16C 布敦岩沥青改性沥青混合料总用量 8085t,可节约工程费用:$8085 \times 34.4 = 278124$(元)。

2)AC-25C 下面层

1t AC-252C 沥青混合料需要 SBS 改性沥青 39kg,则需要 SBS 改性沥青的成本见表 8-23。

1t AC-25C 沥青混合料中 SBS 改性沥青成本　　　　表 8-23

地区	河南	广东	湖南
材料质量(kg)	39	39	39
单价(元/kg)	6.3	5.6	6.0
价格(元)	245.7	218.4	234.0

AC-25C 布敦岩沥青改性沥青混合料布敦岩沥青的掺量为 2.7%,则 1t 沥青混合料中布敦岩沥青用量 27kg。经检测,布敦岩沥青的灰分为 52.58%,天然沥青的含量为 47.42%,27kg 布敦岩沥青中有 $27 \times 47.42\% = 12.80$(kg)的纯沥青,可替代 12.80kg 的基质沥青以及矿粉 14.2kg。

1t AC-25C 布敦岩沥青改性沥青混合料需要基质沥青为 $39 - 12.8 = 26.2$(kg)。AC-25C 基质沥青与布敦岩沥青混合料价格见表 8-24。

AC-25C 基质沥青与布敦岩沥青混合料价格　　　　表 8-24

项目	矿粉	基质沥青	布敦岩沥青
材料质量(kg)	-14.2	26.2	27
单价(元/kg)	0.13	5.2	3.0
价格(元)	-1.846	136.24	81.0

1t AC-25C 布敦岩沥青改性沥青混合料沥青的成本为 $-1.846 + 136.24 + 81.0 = 215.39$(元)。则每吨 AC-25C 沥青混合料节约费用为 $245.7 - 215.39 = 30.3$(元)。

试验路 AC-25C 下面层的厚度为 8cm,由前述可知 AC-25C 布敦岩沥青改性沥青混合料的密度为 2.445 g/cm³,试验路的路面宽度为 22m,则 3km 试验路的 AC-25C 布敦岩沥青改性沥青混合料总用量为:$3000 \times 22 \times 0.08 \times 2.445 \times 10^3 = 12909600$(kg)。3km 试验路的 AC-16C 布敦岩沥青改性沥青混合料总用量 12910t,可节约工程费用:$12910 \times 30.3 = 391173$(元)。

故 3km 的岩沥青改性沥青路面试验路共节约工程费用 $27.81 + 39.12 = 66.93$(万元),平均每千米节约费用 22.31 万元。通过上述分析发现:采用布敦岩沥青改性沥青可大大节约工程费用,具有显著的经济效益。

此外,与 SBS 等性沥青混合料不同,生产布敦岩改性沥青混合料不需要昂贵的专门设备,其生产过程也比较节省资源。因此,其生产工艺、混合料质量控制简单且易操作,可有效降低生产管理维护费用,大大降低生产成本。此外,采用布敦岩沥青改性沥青修筑的道路具有非常好的使用性能,维修养护费用大大降低。

综上所述,采用布敦岩沥青改性剂的社会效益在于其在降低道路建设成本的同时还能提高道路的性能和使用寿命,延长了维修养护周期,维修对交通的影响也大大降低了。此外,布敦岩沥青改性剂的生产工艺简单,便于储存,运输方便,与其他改性沥青相比,不需要添加专门的额外设备,能耗大大降低,符合对环境保护的要求。与其他改性沥青混合料相比,岩沥青改性沥青混合料不添加任何化学改性剂,属于物理改性沥青混合料,能耗低,对环境污染也较其他改性沥青混合料轻,在目前环境恶化、能源紧缺的环境下,具有非常好的应用前景。总之,岩沥青用作沥青路面性能提升材料具有显著的经济与社会效益。

8.6 本章小结

(1)根据依托工程试验路铺筑现场的施工情况,从改性剂的掺配到混合料的拌和、摊铺、碾压可以看出布敦岩沥青生产工艺简单,与 SBS 改性沥青比起来,在拌和阶段与施工温度方面有差异,且不需要昂贵的专门设备,其他施工过程基本类似。试验段检测结果均满足规范要求,且其生产成本低于 SBS 改性沥青,路用性能更好,使用寿命更长,应用前景良好。

(2)经过对长期使用后的布敦岩沥青路面平整度的检测,发现经过一年使用后试验段的布敦岩沥青改性沥青路面的平整度情况优于只使用半年的非试验段 SBS 改性沥青路面。与此同时,对布敦岩沥青改性沥青路面进行松散、裂缝等病害的调查,未发现该类病害情况的产生。

(3)通过对长期使用后的布敦岩沥青路面车辙深度的检测,发现经过一年使用的布敦岩沥青改性沥青路面的车辙深度情况优于只使用半年时间的 SBS 改性沥青路面,说明布敦岩沥青改性沥青路面在车辙防治方面的性能优于 SBS 改性沥青。

参考文献

[1] 2020年交通运输行业发展统计公报。http://www.gov.cn/xinwen/2021-05/19/content_5608523.htm.

[2] 郑乃涛,徐新蔚. 不同类改性剂与基质沥青相容性研究[J]. 公路交通科技(应用技术版),2012(12):167-170.

[3] Adams W A. Process of Preparing And Utilizling Rock Asphalt[P]. 1894.

[4] Bentley W P. Treament of Rock Asphalt[P]. 1926.

[5] Alvey G H. Sand Rock Asphalt Pavement[P]. 1934.

[6] Cornelius. Towards a definition of natural asphalts[C]//Third International Conference on Heavy Crude and Tar Sands. 1985:168-173.

[7] Meyer R F, Witt W D. Definition and World Resources of Natural Bitumens[R]. 1990.

[8] Shi X, Cai L, Xu W, et al. Effects of nano-silica and rock asphalt on rheological properties of modified bitumen[J]. Construction and Building Materials, 2018, 161: 705-714.

[9] Lv S, Liu C, Chen D, et al. Normalization of fatigue characteristics for asphalt mixtures under different stress states[J]. Construction and Building Materials, 2018, 177: 33-42.

[10] Cai L, Shi X, Xue J. Laboratory evaluation of composed modified asphalt binder and mixture containing nano-silica/rock asphalt/SBS[J]. Construction and Building Materials, 2018, 172: 204-211.

[11] Ren S, Liang M, Fan W, et al. Investigating the effects of SBR on the properties of gilsonite modified asphalt[J]. Construction and Building Materials, 2018, 190: 1103-1116.

[12] Yang X, You Z. High temperature performance evaluation of bio-oil modified asphalt binders using the DSR and MSCR tests[J]. Construction and Building Materials, 2015, 76: 380-387.

[13] Li J, Zhang F, Liu Y, et al. Preparation and properties of soybean bio-asphalt/SBS

modified petroleum asphalt[J]. Construction and Building Materials,2019,201: 268-277.

[14] Fu H,Xie L,Dou D,et al. Storage stability and compatibility of asphalt binder modified by SBS graft copolymer[J]. Construction and Building Materials,2007, 21(7): 1528-1533.

[15] Sun D,Ye F,Shi F,et al. Storage stability of SBS-modified road asphalt: preparation,morphology,and rheological properties[J],2006,24:1067-1077.

[16] Zhong K,Yang X,Luo S. Performance evaluation of petroleum bitumen binders and mixtures modified by natural rock asphalt from Xinjiang China[J]. Construction and Building Materials,2017,154: 623-631.

[17] Widyatmoko I,Elliott R. Characteristics of elastomeric and plastomeric binders in contact with natural asphalts[J]. Construction and Building Materials,2008,22 (3): 239-249.

[18] Lv S,Wang S,Guo T,et al. Laboratory evaluation on performance of compound-modified asphalt for rock asphalt/styrene-butadiene rubber (SBR) and rock asphalt/nano-CaCO3[J]. Applied Sciences,2018,8(6): 1009.

[19] Zou G,Papirio S,Lai X,et al. Column leaching of low-grade sulfide ore from Zijinshan copper mine[J]. International Journal of Mineral Processing,2015,139: 11-16.

[20] Zhang C,Li Y,Cheng X,et al. Effects of plasma-treated rock asphalt on the mechanical properties and microstructure of oil-well cement[J]. Construction and Building Materials,2018,186: 163-173.

[21] Kök B V,Yilmaz M,Guler M. Evaluation of high temperature performance of SBS + Gilsonite modified binder[J]. Fuel,2011,90(10): 3093-3099.

[22] Suaryana N. Performance evaluation of stone matrix asphalt using indonesian natural rock asphalt as stabilizer[J]. International Journal of Pavement Research and Technology,2016,9(5): 387-392.

[23] Du S W. Performance and mechanism of BRA-SBS polymer composite modified asphalt mixture[J].2012,15: 871-874.

[24] Ruixia L I,Hao P,Wang C,et al. Modified mechanism of buton rock asphalt[J]. Journal of Highway & Transportation Research & Development,2011.

[25] Yilmaz M,Erdogan Yamaç Ö. Evaluation of gilsonite and styrene-butadiene-sty-

rene composite usage in bitumen modification on the mechanical properties of hot mix asphalts[J]. Journal of Materials in Civil Engineering, 2017, 29(29): 04017089.

[26] Hadiwardoyo S P, Sinaga E S, Fikri H. The influence of Buton asphalt additive on skid resistance based on penetration index and temperature[J]. Construction and Building Materials, 2013, 42: 5-10.

[27] Karami M, Nikraz H, Sebayang S, et al. Laboratory experiment on resilient modulus of BRA modified asphalt mixtures[J]. International Journal of Pavement Research and Technology, 2018, 11(1): 38-46.

[28] 沈金安.特立尼达湖沥青及其应用前景[J].国外公路,2000(4):117-118.

[29] 童恋.TLA 改性沥青配伍性研究[D].长沙:长沙理工大学,2008:2-5.

[30] 季文广.TLA 材料性质及技术性能研究[D].长沙:长沙理工大学,2008:3-5.

[31] 胡晓辉.特立尼达湖改性沥青性能与应用技术研究[D].天津:河北工业大学,2007:2-4.

[32] 杜群乐,王庆凯,王国清.布敦岩改性沥青路用性能评价的研究[J].公路,2005(8):133-135.

[33] 王联芳.布敦岩沥青混合料路用性能研究[J].石油沥青,2006,20(1):34-36.

[34] 刘树堂.布敦岩沥青改性沥青混合料与沥青混合料配合比设计理论研究[D].上海:同济大学,2006:9-19.

[35] 查旭东,童恋.印尼布敦岩沥青改性沥青性能研究[J].长沙交通学院学报,2007,23(4):28-32.

[36] 王恒斌,葛折圣.布敦岩沥青改性沥青胶浆高温动态流变性能的试验研究[J].公路交通科技,2008,25(9):63-66.

[37] 路剑其.岩沥青在道路工程中的应用研究[D].长春:吉林大学,2008:45-48.

[38] 孟勇军,张肖宁,陈仕周.不同配比对 Buton 岩沥青影响的性能研究[J].科学技术与工程,2008,9(7):1787-1791.

[39] 查旭东,白璐,王玮.BRA 改性沥青混合料路用性能研究[J].交通科学与工程,2009,25(1):10-13.

[40] 吕天华,章毅.布敦岩沥青改性沥青高温动态流变性能研究[J].华东交通大学学报,2010,27(4):13-17.

[41] 李瑞霞.BRA 岩沥青及其混合料技术特性研究[D].西安:长安大学,2010:70-85.

[42] 白康,曹文涛,刘强.复配废橡胶粉与岩沥青改性沥青黏度的实验室研究[J].

石油沥青,2011,25(03):15-18.

[43] 张福强,仝保立,林炽乐,等.布敦岩沥青在海南的应用研究[J].公路交通科技(应用技术版),2013,(11):215-218.

[44] 张博文.岩沥青及其混合料路用性能研究[D].长沙:长沙理工大学,2015:24-54.

[45] 周鑫.岩沥青及其混合料路用性能研究[D].西安:长安大学,2015:8-16.

[46] 钱光耀.布敦岩沥青材料性能试验研究[D].长沙:长沙理工大学,2015:19-42.

[47] 陈强,付修义,等.特立尼达湖沥青改性沥青试验研究[J].公路,2005(9):67-70.

[48] 王国军.特立尼达湖改性沥青路用性能的试验研究[J].公路交通科技,2008,25(9):32-34.

[49] 张恒龙,余剑英,等.特立尼达湖沥青的性能与改性机理研究[J].公路,2010(3):121-125.

[50] 查旭东,王彬,季文广.湖沥青灰分对沥青胶浆高温性能的影响[J].交通科学与工程,2009,25(4):1-5.

[51] 冯新军,郝培文,查旭东.湖沥青改性沥青混合料配合比设计研究[J].公路,2007,4(4):170-175.

[52] 潘放,徐伟,胡志涛.特立尼达湖改性沥青在开阳高速公路中应用的初步研究[J].公路,2003(8):113-116.

[53] 童志权,陈昭琼.大气污染控制工程[M].长沙:中南工业大学出版社,1987.

[54] 蔡婷.沥青材料的组分与黏度试验分析[D].西安:长安大学,2005:20-31.

[55] 谭忆秋.沥青与沥青混合料[M].哈尔滨:哈尔滨工业大学出版社,2007.

[56] 彭波,李文瑛,危拥军.沥青混合料材料组成与特性[M].北京:人民交通出版社,2007.

[57] 中华人民共和国行业标准.沥青混合料改性添加剂 第5部分:天然沥青JT/T 860.5—2014.[S].北京:人民交通出版社股份有限公司,2014.

[58] 沈金安.沥青及沥青混合料路用性能[M].北京:人民交通出版社,2001.

[59] 杨凯.布敦岩沥青混合料配合比设计方法与性能研究[D].西安:长安大学,2012:15-18.

[60] 肖鹏.SBS物理和化学改性沥青及沥青混合料性能评价对比研究[D].南京:河海大学,2005:90-91.

[61] 杨宇亮.沥青混合料细观结构分析方法[D].上海:同济大学,2003.

[62] 李炜光,周巧英,李强,等.SBS 测试方法及机理研究[J].石油沥青,2010,24(5):1-4.

[63] 徐江萍,鲍燕妮.基于微观试验的硅改沥青改性机理[J].长安大学学报(自然科学版),2005,25(6):14-17.

[64] 张葆琳.基于红外光谱的沥青结构表征研究[D].武汉:武汉理工大学,2011.

[65] Diefemdenfer S FHWA/ VTRC06-R18. Detection of Polymermodifiers in Asphalt Binder[R]. Virginia:Virginia Transportation Research Council,2006.

[66] 王成松.开放式傅里叶红外光谱仪机械结构设计[D].合肥:合肥工业大学,2012.

[67] 李炜光,吕振北,颜录科,等.缓粘沥青作用机理及使用特性研究[J].筑路机械与施工机械化,2012,15(5):43-46.

[68] Masson J F, Pelletier L, Collins P. Quantification of SB-type Copolymersin Bitumen:1034-1041.

[69] 丁楠.低热蓄积型沥青混凝土热辐射性能强化及其路用性能评估[D].南京:南京航空航天大学,2010.

[70] 陈颖娣,涂卷,章波.红外光谱法分析 SBS 改性沥青的影响因素探讨[J].石油沥青,2014,28(1):67-72.

[71] 文龙,王晓江,柳浩,等.布敦岩天然沥青的材料特性与改性机理分析[J].公路,2011,(6):142-145.

[72] 李瑞霞,郝培文,王春.布敦岩沥青改性机理[J].公路交通科,2011,28(12):16-21.

[73] 樊国鹏.布敦岩沥青改性机理与路用性能及工程应用[D].长沙:长沙理工大学,2016:18-20.

[74] 贾渝,曹吉荣,李本京.高性能沥青路面(Superpave)基础参考手册[M].北京:人民交通出版社,2005.

[75] 中华人民共和国行业标准.公路工程沥青及沥青混合料试验规程:JTG E20—2011.[S].北京:人民交通出版社,2011.

[76] 严加仅.道路建筑材料[M].北京:人民交通出版社,2001.

[77] 肖桂彰.道路复合材料[M].北京:人民交通出版社,1999.

[78] Aljassar A H, Metwali S, Ali M A. Effect of types on filler Marshall stability and retainedstrength of asphalt concrete[J]. International Journal of Pavement Engineering,2004,5(1):47-51.

[79] 莫石秀.沥青改性沥青作用机理及混合料性能研究[D].西安:长安大学,

2012:31-35.

[80] 吴人浩.复合材料[M].天津:天津大学出版社,2000.

[81] 王抒音,王哲人,王翠红.提高沥青混合料抗水损害新技术[J].石油大学学报(自然科学版).2002,26(6):95-98.

[82] 张争奇,张登良,杨尚荣.改性沥青机理研究[J].西安公路交通大学学报,1998,18(4):21-25.

[83] 张永明,李一鸣.橡塑沥青改性机理分析[J].公路,1996,7:48.

[84] 黎亚青.天然沥青制备防水卷材的试验研究[D].沈阳:沈阳建筑大学,2014:43-44.

[85] 金鸣林,杨俊和,史美仁,等.道路沥青的硫化反应[J].煤炭转化,2001,24(4):87-91.

[86] Junaid S. Sulfur modification of polymers for use in asphalt binders[J]. King Fahd University of Petroleum and Minerals,2009,47(1): 454.

[87] 杨亚平.青川岩沥青改性沥青及其混合料技术性能研究[D].郑州:郑州大学,2017:38-39.

[88] 钟珊群.青川岩改性沥青性能研究[J].华东公路,2016,(2):45-50.

[89] Dondi G,Vignali V,Pettinari M,et al. Modeling the DSR complex shear modulus of asphalt binder using 3D discrete element approach[J]. Construction and building Materials,2014,54: 236-246.

[90] Epps J A. Use of Recycled Rubber Tires in Highways[R]. NCHRP Synthesis 198,1994.

[91] DBJ/CT 085—2010.布敦天然岩沥青BMA改性沥青路面应用技术规程[S].

[92] 交通部公路科学研究院.布敦岩天然岩沥青改性剂(BRA)路用性能研究.2009.

[93] DB34/T 2323—2015.道路用布敦岩沥青[S].

[94] 中华人民共和国行业标准.公路沥青路面施工技术规范:JTG F40—2004.[S].北京:人民交通出版社,2004.

[95] 中华人民共和国行业标准.公路工程集料试验规程:JTG E42—2005.[S].北京:人民交通出版社,2005.

[96] 中华人民共和国国家标准.气体吸附BET法测定固态物质比表面积:GB/T 19587—2017.[S].北京:中国标准出版社,2017.

[97] 梁乃兴,韩森,屠书荣.现代路面与材料[M].北京:人民交通出版社,2003.

[98] 吕松涛.沥青混合料疲劳损伤与老化效应[M].郑州:黄河水利出版社,2017.

[99] 刘中林,田文,史建方,等.高等级公路沥青混凝土路面新技术[M].北京:人民交通出版社,2002.

[100] 吕伟民,孙大权.沥青混合料设计手册[M].北京:人民交通出版社,2007.

[101] AASHTO T 315-04.用动态剪切流变仪(DSR)测量沥青胶结料的流变性质标准试验方法[S].

[102] AASHTO T 313-04.用弯曲梁流变仪测量沥青胶结料的弯曲蠕变劲度的标准试验方法[S].

[103] 刘毅,李晓林,张立群.废橡胶粉改性沥青的研究[J].特种橡胶制品,2007,28(5):14-18.

[104] 谭忆秋,郭猛,曹丽萍.常用改性剂对沥青黏弹特性的影响[J].中国公路学报,2013,26(4):7-15.

[105] 王晓倩.废橡胶粉改性沥青的研究[D].[新疆大学硕士学位论文].乌鲁木齐:新疆大学,2015:24-45.

[106] 李云雁.试验设计与数据处理(第2版)[M].北京:化学工业出版社,2013.

[107] 贾生盛,程健,叶智刚.道路沥青标准与道路沥青生产[J].石油沥青,1995,(2):35-40,46.

[108] 牟洪建.SBS改性沥青的制备研究[D].[天津大学硕士学位论文].天津:天津大学,2005,33-55.

[109] 董洲.聚酯纤维改性道路沥青的制备及其结构与性能[D].[苏州大学硕士学位论文].苏州:苏州大学,2007,41-78.

[110] 王玮.BRA改性沥青及其混合料性能研究[D].[长沙理工大学硕士学位论文].长沙:长沙理工大学,2008:33-37.

[111] 高国栋.西藏地区沥青路面气候分区与改性沥青适应性研究[D].[长安大学硕士学位论文].西安:长安大学,2012:35-71.

[112] Zhang R, Wang H, Cao J, et al. High temperature performance of SBS modified bio-asphalt[J]. Construction & Building Materials,2017,144:99-105.

[113] ASTM D7643-16. Standard practice for determining the continuous grading temperatures and continuous grades for PG graded asphalt binder[S]. West Conshohocken: ASTM International,2016.

不同类型胶浆室内紫外老化前后车辙因子对比　　　　表 4-4

石灰岩矿粉胶浆	温度(℃)	老化后车辙因子/老化前车辙因子(%)	BRA 灰分胶浆	温度(℃)	老化后车辙因子/老化前车辙因子(%)
矿粉/基质沥青=0.4	58	135.67	BRA 灰分/基质沥青=0.4	58	129.18
	64	134.81		64	126.55
	70	136.91		70	128.11
	76	137.84		76	129.41
	82	136.97		82	130.14
矿粉/基质沥青=0.6	58	128.56	BRA 灰分/基质沥青=0.6	58	119.31
	64	124.76		64	116.34
	70	125.90		70	117.10
	76	127.84		76	118.35
	82	129.56		82	119.69
矿粉/基质沥青=0.8	58	125.04	BRA 灰分/基质沥青=0.8	58	113.31
	64	121.01		64	110.14
	70	121.62		70	110.81
	76	123.66		76	112.11
	82	125.19		82	112.99

从表 4-4 可以看出：

(1)室内紫外老化后，不同类型胶浆的车辙因子均较老化前得到提高。

(2)对于老化后的沥青胶浆，随着温度的升高，不同掺量的石灰岩矿粉胶浆和布敦岩沥青灰分胶浆的车辙因子呈下降趋势，且下降率逐渐减小。

(3)对于石灰岩矿粉胶浆，同一温度下，室内紫外光老化前、后的车辙因子大小顺序为：老化前掺量 0.4 的矿粉胶浆＜老化前掺量 0.6 的矿粉胶浆＜老化后掺量 0.4 的矿粉胶浆＜老化前掺量 0.8 的矿粉胶浆＜老化后掺量 0.6 的矿粉胶浆＜老化后掺量 0.8 的矿粉胶浆。这表明紫外老化后，矿粉胶浆的车辙因子均得到了提高。

(4)对于 BRA 灰分胶浆，同一温度下，室内紫外光老化前、后的车辙因子大小顺序为：老化前掺量 0.4 的 BRA 灰分胶浆＜老化后掺量 0.4 的 BRA 灰分胶浆＜老化前掺量 0.6 的 BRA 灰分胶浆＜老化后掺量 0.6 的 BRA 灰分胶浆＜老化前掺量 0.8 的 BRA 灰分胶浆＜老化后掺量 0.8 的 BRA 灰分胶浆。这表明紫外老化后，